宇宙から見る地球

観測衛星が切りひらく驚きの未来

村木祐介【著】

 宇宙航空研究開発機構
第一宇宙技術部門【監修】

はじめに

「宇宙」と聞いて皆さんは何を連想しますか？ 頭上に広がる星空ですか？ 宇宙飛行士、ロケット、月探査などの宇宙開発に関することや、銀河、ブラックホールなどの天文に関することでしょうか？ ガンダム、スターウォーズ、宇宙兄弟などの物語もありますね。一言で「宇宙」といっても、さまざまなことが連想されると思います。宇宙開発関連の活動が活発化する中、宇宙に関連したニュースをご覧になった方も多いのではないかと思います。このように宇宙に関するたくさんのトピックがある中で、本書は「宇宙から地球を見ること」に焦点を当て、その大切さや素晴らしさについてご紹介していきます。

　私は宇宙航空研究開発機構（JAXA）の宇宙エンジニアとして、人工衛星で宇宙から地球を見る「衛星地球観測」という分野の仕事に長年携わり、その大切さや素晴らしさに触れてきました。一方で、アウトリーチ活動で宇宙ナビゲーターとして宇宙の多岐にわたる取り組みを紹介する際に、宇宙の謎や不思議に関連した天文学、フロンティアを切り拓く宇宙飛行士の活動、新しい知見をもたらす「はやぶさ」などの宇宙探査や打上げが感動的なロケットなど、ワクワクが伝わりやすい他の宇宙分野の取り組みと比べて、衛星地球観測は地味で、大切さや素晴らしさが伝わらないもどかしさを感じてきました。

　派手さはないかもしれませんが、衛星地球観測ビジネスは大きな成長が期待される分野として注目されていますし、持続可能で安心・安全な未来社会を実現するためのツールとして、衛星地球観測の重要性

は大きく高まっています。さらに、衛星地球観測は役に立つ道具であるだけではなくて、よりよい未来の実現に向けて不可欠な「新しい視点」をもたらしてくれます。

「宇宙から地球を見る＝衛星地球観測」は、これからの時代、ビジネスの観点でも、よりよい未来社会を築いていくためにも、私たちが押さえておくべき必須教養になると思います。「人工衛星？ 私には難しそう‼」と感じてしまう方もいらっしゃるかもしれません。大丈夫です！ 本書は専門家向けではなく、衛星データビジネスに関心のあるビジネスパーソン、社会課題や地球規模課題解決に関心のある方々、宇宙関連の進路や仕事に関心のある学生、そして、「宇宙から見る地球」というテーマになんとなく興味を持った方々など、多様なバックグラウンドの皆さんに読んでいただくことを目標にしています。衛星地球観測を中心に、宇宙旅行なども含め「宇宙から地球を見ること」に関する幅広いトピックをできるだけわかりやすくまとめました。

　1章のイントロダクションに続き、2章では、衛星で地球をどのように観測するのか、技術的な内容をわかりやすくまとめました。3章では、衛星地球観測の主要な用途としての「ビジネス利用」や「安心安全で持続可能な暮らしを支える利用」の事例をご紹介。4章では、皆さんに「宇宙から地球を見ること」を「自分ゴト」にしていただくためのさまざまなアプローチについてご紹介します。締めとなる5章では、宇宙で撮影した美しい地球の写真を楽しみつつ、宇宙から地球を見ることが人々にもたらす新しい視点や哲学について考えます。

　本書を通して、「宇宙から地球を見ること」の大切さ、素晴らしさ、面白さや可能性が、わかりやすく、楽しく伝われば幸いです！

2025年3月　村木祐介

contents

はじめに　　　　　　　　　　　　　　　　　　　　　2

1章　宇宙から地球を見るのはなぜ大事？　7

身近になってきた宇宙　　　　　　　　　　　　　　8

宇宙と人工衛星　　　　　　　　　　　　　　　　16

宇宙から地球を見る「衛星地球観測」　　　　　　20

コラム　衛星地球観測と私　　　　　　　　　　　24

2章　宇宙から地球を見るには？　27

地球観測衛星のキホン　　　　　　　　　　　　　28

地球を見る衛星の「眼」　　　　　　　　　　　　38

個性豊かな地球観測衛星　　　　　　　　　　　　62

コラム　衛星地球観測の歴史　　　　　　　　　　72

3章　宇宙から地球を見て何をする？　75

大きく広がる衛星地球観測のビジネス利用　　　　76

安心安全で持続可能な暮らしを支える衛星地球観測　94

新しい活用方法を考えよう　　　　　　　　　　　108

コラム　衛星地球観測コンソーシアム（CONSEO）　112

4章 宇宙から見る地球が「自分ゴト」になる？ 115

衛星地球観測を仕事にする	116
生活の中で宇宙から見る地球を感じる	118
衛星地球観測が活躍する未来社会	120
コラム 「宇宙から見る地球」に触れる体験	122

5章 宇宙から地球を見て何を感じとる？ 125

宇宙から見る美しく儚い地球	126
宇宙旅行で楽しもう：地球の見所ツアー	130
宇宙から地球を見て「新しい視点」を得る	142
コラム STAR SPHEREの「宇宙撮影体験」	148

特別対談 宇宙飛行士 油井亀美也と語る 人間と人工衛星の眼で共に見る地球 151

おわりに	167

1章

宇宙から
地球を見るのは
なぜ大事？

技術の発展や商業宇宙活動の拡大を受けて、宇宙がどんどん身近になり、人工衛星を使って宇宙から地球を見る＝「衛星地球観測」に関する取り組みがこれまで以上に大きく広がっています。ただ、宇宙や人工衛星と聞くと、なんとなく理系っぽくて難しく、自分とは関係ないものだと感じてしまう方も多いのではないでしょうか？本書のイントロダクションとなる本章では、人工衛星で宇宙から地球を見る＝「衛星地球観測」が、皆さんにとって自分ゴトになりえるもので、これからの時代にますます重要になるものだと感じていただけるよう、その概要についてご紹介していきます。

身近になってきた宇宙

　宇宙といえば空の上のほうにある空間で、自分には関係のないトピックだと感じていませんか？ これまでは国が主導する宇宙開発が中心でしたが、民間主体の商業的な取り組みが広がり、技術と価格の競争が加速度的に進みつつあります。格段に安くロケットや人工衛星などを活用できるようになったことで、宇宙を活用したさまざまなサービスに触れる機会が増えてきています。

宇宙ってどこにある？

　初めに「宇宙」がどこにあるか考えてみましょう。暗い郊外で夜空を見上げると星がたくさん輝いているのが見えて、宇宙とつながっている気分になります。空の上にある宇宙ですが、どれくらい上空から「宇宙」になるのでしょうか？

　その答えですが、国際航空連盟（FAI）が、高度100kmから上を宇宙と定義しています（米国空軍による80kmという定義もあります）。富士山の高さが4km弱、エベレストの高さが9km弱、飛行機が飛んでいる高さが10kmくらいなので、その10倍です。「100kmから宇宙」、キリがよくて覚えやすいですよね。100kmといえば、東京からだとだいたい富士山くらいの距離。外国に行くより近いですね。どうでしょう、皆さんは「宇宙」って意外と近いと思いましたか？ 遠いと思いましたか？

ロケット発射場のある種子島には、宇宙までの距離を示すステキな看板があります。ロケット打上げ見学などで訪れる際には探してみてください。

実際には、高度100kmくらいは大気がまだまだ濃く、空気抵抗ですぐに地球に落ちてきてしまうため、国際宇宙ステーションは高度400km程度、人工衛星

鹿児島県南種子町にある看板（筆者撮影）

は高度400～1000kmで周回するものが多いです。それでも、わずかに空気抵抗があるため、いずれは地球に落ちてきてしまうんです。

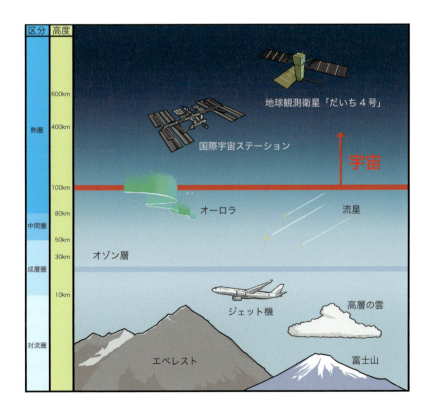

盛り上がっている「宇宙」

　皆さんの生活の中で「宇宙」に触れる機会、宇宙について考える機会はあるでしょうか？ ふと星空を眺めたとき、中秋の名月でお月見をしたとき、テレビで日食や月食、流星群などが来ると聞いたとき、プラネタリウムに行ったとき。ロケットや宇宙飛行士のニュース、宇宙に関するクイズ番組や教育番組をテレビなどで見たときかもしれません。「宇宙」と聞いて、何を連想しますか？ 目を閉じて考えてみてください。きっと人によって全く違うことが思い起こされるのではないかと思います。

　「宇宙」と一口に言っても、星、銀河、ブラックホールなど遠くを見る「天文」や「宇宙科学」、宇宙の多様な現象の解明に取り組む「宇宙物理学」、宇宙飛行士に関連する「有人宇宙活動」、探査機が別の天体まで飛んでいく「宇宙探査」、衛星放送・通信やGPSなどの「衛星利用」、それらを運ぶ「ロケット」など多くのトピックがあります。

　そうしたさまざまな広がりのある宇宙に関わる活動ですが、未知なる宇宙に関する新しい知見の発見や、月や火星を目指した新しい国際宇宙探査プログラムの推進、バラエティーに富んだ宇宙ビジネスの展開など、次項に示すようなワクワクする取り組みが数多く進められています。皆さんもニュースなどで見たこと、聞いたことのあるものがいくつかあるのではないでしょうか？

　読者の皆さんは気づいていなかったかもしれませんが、宇宙は今（2025年現在）大変盛り上がっているのです！

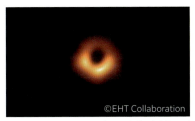
国立天文台等の国際研究グループが、史上初、ブラックホールの撮影に成功（2019年4月）

NASAがジェイムズ・ウェッブ宇宙望遠鏡を打ち上げ、超高解像度な銀河を撮影（2022年7月）

米国主導の有人月探査「アルテミス計画」で日本人宇宙飛行士2人が月面着陸することに合意（2024年4月）

JAXAの小型月着陸実証機「SLIM」が世界初の月へのピンポイント着陸に成功（2024年1月）

JAXAの小惑星探査機「はやぶさ2」が地球帰還後、深宇宙の旅へと飛び立つ（2020年12月）

NASAの小型ヘリコプター「インジェニュイティ」が火星で、人類初となる地球以外の惑星での動力飛行に成功（2021年4月）

JAXAが新型ロケット「H3」の打上げに成功（2024年2月）

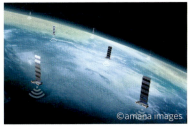
スペースXが衛星インターネットサービス「スターリンク」の日本でのサービス提供開始（2022年10月）

民間企業の参入で宇宙がどんどん身近に！

　1957年にソ連が人類初の人工衛星「スプートニク1号」を打ち上げ、宇宙開発の幕が開かれました。1960〜70年代には、米国とソ連の宇宙開発競争に代表されるように、国主体の宇宙開発利用の時代が続きます。政府予算に基づく、宇宙技術や科学的知見の獲得のための取り組みに加えて、偵察衛星、通信衛星、測位衛星の安全保障のための利用や、気象衛星の気象機関での利用など、政府機関を中心とした宇宙技術の実利用が広がりました。

　1980年代になり、これらの国主体の活動に加えて、放送局などの民間企業を対象とした衛星通信・衛星放送ビジネスや、そのための人工衛星をロケットで宇宙に運ぶ宇宙輸送ビジネスなど、民間主体の商業的な宇宙開発利用の時代が始まります。そして、2000年代に入ると電子機器などの小型化・高性能化・低コスト化などの技術の発展や、リスクの高い事業に投資されるシリコンバレーなどのリスクマネーが活用しやすくなったことを受けて、「ニュースペース」と呼ばれる宇宙スタートアップが数多く誕生し、宇宙を新たな成長市場として捉えた多様な商業的な宇宙活動が活発化していきます。

　2024年4月に公表された世界経済フォーラムの報告書によると、宇宙ビジネスの市場規模は、2023年に6300億ドル（約100兆円）、2035年には1兆7900億ドル（約286兆円）に拡大するとされており、一大成長産業として大きな期待が集まっています。

　こうした機運を受けて、これまで宇宙に関わってこなかった企業の参画が大きく広がり、産業界、学術界や政府などが連携することで、宇宙の開発利用を身近にする、今までなかった多様な取り組みが誕生しています。

【月探査】JAXAが開発する移動機能と居住機能を併せ持つ有人与圧ローバー（月面探査車）に関して、自動車メーカーなどの民間企業がJAXAとの協業の実現を目指して取り組みを進めています。また、日本の宇宙スタートアップispaceが月面での水資源採取など商業的な月面探査・利用サービスの実現に向けて、ランダー（月着陸船）とローバーの開発に取り組んでいます。2024年2月には、米国の宇宙スタートアップIntuitive Machinesが、世界初の民間企業による月面着陸に成功しました。月面着陸船には、芸術家ジェフ・クーンズ（1955～／アメリカ）の芸術作品が搭載されており、月に到達した最初の芸術作品となりました。民間主体の取り組みだからこそできた、新しい宇宙開発利用の好事例と言えます。

月探査に向けた有人与圧ローバー

【有人宇宙活動】　NASA（アメリカ航空宇宙局）の委託を受けて、米国企業のスペースXなどが国際宇宙ステーション（ISS）への宇宙飛行士の輸送を担っており、そこでの技術・知見が商業宇宙旅行に活用されています。ISSの商業利用も進められており、日本のプロジェクトデザインスタジオのバスキュールが、日本実験棟「きぼう」から宇宙ライブエンターテイメントを提供する「KIBO宇宙放送局」事業を展開しています。ISSの引退後を見据え、商業宇宙ステーションの実現に向けた取り組みも進められており、宇宙での撮影スタジオの導入などが検討されています。

バスキュールの「KIBO宇宙放送局」

【宇宙旅行】米スタートアップのアクシオム・スペースが、スペースXの宇宙船を使ったISS滞在の宇宙旅行を提供しており、複数回の宇宙旅行を成功させています。また、2021年12月に、衣料品通販大手ZOZO創業者の前澤友作氏がロシアの宇宙船でISSに滞在する宇宙旅行に行った際には大きなニュースとなりました。

さらに、2021年は「宇宙旅行元年」と言われ、米国のヴァージン・ギャラクティックとブルーオリジンによって、高度100km程度への弾道飛行による数千万円規模の宇宙旅行サービスが開始されました。数分間の無重力体験と地球を見下ろす体験ができるこのツアーに、2023年には800人の待ちが出ていると報道されています。

【宇宙輸送】　スペースXが再使用ロケット「ファルコン9」により、2024年には130回以上もの打上げを成功させ、打上げシェアで圧倒的な地位を占めるまでに成長しています。多数の小型の人工衛星を相乗りさせて同時に打ち上げる「ライドシェア」サービスを提供しており、140機以上の衛星が同時に打ち上げられた例もあります。単独で打ち上げると、打上げ費が高くつきますが、相乗りして分担することで、それぞれの負担を低減できるわけです。

さらに、世界中のスタートアップが、安価に小型衛星を個別輸送できる小型ロケットの開発をしています。市場を先導する米国のロケット・ラボのロケット「エレクトロン」は2024年9月時点で50機以上を打ち上げ、200機以上の衛星の軌道投入を成功させています。

【衛星利用】従来に比べ安価な輸送手段が登場し、たくさんの小型衛星を打ち上げて連携させる「衛星コンステレーション」の構築や、新しい用途の探索のための衛星の打上げが容易となり、衛星利用を拡大するさ

衛星による宇宙ゴミへの接近・観測のイメージ

まざまな取り組みが加速しています。たとえば、スペースXは、1万2000機（2024年11月末で6700機以上打上げ済）からなる通信衛星コンステレーション「スターリンク」による高速大容量の衛星インターネットサービスを提供しています。

　また、日本のスタートアップのアストロスケールは、「宇宙ゴミ（スペースデブリ）」の対策のため、JAXAと連携し、人工衛星を用いた宇宙ゴミ除去サービスの開発に取り組んでいます。

　日々の暮らしと直結する身近な社会課題や気候変動などの地球規模課題の解決のために人工衛星を利用する動きも広がっています。質・量ともに向上している官民の衛星地球観測データを、地上の多彩なビッグデータやAIなどを用いた解析技術と組み合わせることで、衛星を活用したソリューションがさまざまな分野で生み出されています（詳しくは3章でご紹介）。

　以上のように、宇宙を身近にする多くの新しい取り組みが進んでいますが、次項からは、本書のテーマである、「衛星地球観測」に焦点を当て、詳しく見ていくことにいたしましょう！

宇宙と人工衛星

　宇宙から人工衛星で地球を見る＝「衛星地球観測」について詳しく見ていく前に、まずは宇宙と人工衛星についてご紹介しましょう。空の上に広がっている場所と何となく思っている宇宙空間ですが、どんな環境なのでしょうか？ また、宇宙でさまざまな仕事をしてくれる人工衛星とはどのようなものなのでしょうか？

過酷な宇宙環境と人工衛星

　宇宙はどんな環境でしょうか？ 何かご存知のことはありますか？

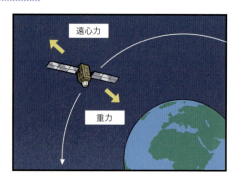

　宇宙は「無重力」と言われています。しかし、宇宙では重力が無くなるわけではなく、地球の近くにいる限り働きますが、地球を周回する際の高速移動が作り出す遠心力と釣り合って、重力を感じない「無重量状態」になっているというのが正しいです。宇宙飛行士がフワフワ浮かぶ様子や、水が丸い球になる様子を見たことのある方も多いでしょう。

　次に、宇宙は空気のない「真空」です。空気抵抗がほとんどなくな

16　1章 ●)) 宇宙から地球を見るのはなぜ大事？

るため、動き出した物体は動き続け、止まっていると止まり続ける「慣性の法則」に従います。また、空気の流れがものを冷やしたり温めたりしてくれないため、太陽が当たっているところは摂氏120度、影になる場所はマイナス150度まで冷えてしまいます。

　さらに、宇宙空間では人体や宇宙機にダメージを与える有害な放射線が飛び交っています。宇宙飛行士は宇宙遊泳の際など、宇宙船や宇宙ステーションの外に出る場合には宇宙服を着る必要があります。

　このような過酷な宇宙環境で、人間の代わりに地球を回り続けてさまざまな仕事をしてくれるのが「人工衛星」です。

　ボールを空に投げたら落ちるのに、人工衛星はなぜ落ちてこずに地球の周りを回り続けられるのでしょうか?

「無重力」だから、という答えが返ってきそうですが、人工衛星に重力は働いているので不正解です。ボールを前に投げると重力によってちょっと先で落ちますね。投げるスピードを上げていくと遠くまで飛ぶようになりますが、地球が丸いので地球に沿って曲がりながら落ちていきます。投げるスピードを速くし続けると最終的にどうなるでしょうか? そうです、地球の周りをグルっと回って後頭部にあたります。ロケットで人工衛星を秒速約7km＝時速約28,000kmまで加速すると、このように地球に落ちずに回り続けることができます(高度500kmの場合)。ロケットには、重力に打ち勝って、人工衛星を空気抵抗が少ない高さまで運ぶとともに、落ちてこないスピードまで加速させる役割があるんですね。重力と釣り合うだけの遠心力が働くスピードまで人工衛星を加速させていると考えることもできます。

人工衛星で何をする？

　人工衛星に搭載する装置を変えることで、いろいろな目的に使うことが可能です。地上からの観測が難しい天体、天文現象、宇宙環境などを観測するための「科学衛星」、アンテナなどの通信用機器を搭載してインターネットを含む衛星通信サービスやBS放送などの衛星放送サービスを提供するための「通信衛星」「放送衛星」、カーナビや地図アプリなどで自分の位置を計測したり、高精度な測量をしたりするための衛星測位サービス用の米国のGPSや日本の準天頂衛星システム（QZSS）などの「測位衛星」、多様なカメラやセンサを搭載して地球を観測する「地球観測衛星」などに分類されます。本書は、この中の「地球観測衛星」にフォーカスしてご紹介していきます。

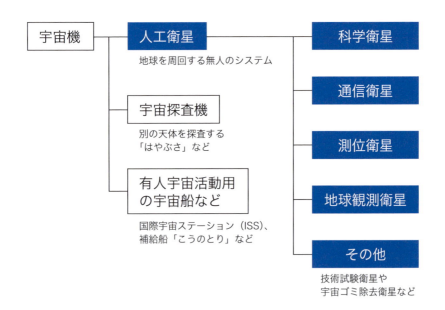

JAXAのX線分光撮像衛星「XRISM」

【科学衛星】

NASAのハッブル宇宙望遠鏡や、ジェイムズ・ウェッブ宇宙望遠鏡などのように、空気のゆらぎを受けない宇宙から天体などの観測を行うための人工衛星。

【通信・放送衛星】

アンテナや中継器などの通信用機器を搭載し、宇宙を介した地上間の遠距離通信や衛星放送の配信を行うための人工衛星。

三菱電機の商用通信衛星

内閣府の準天頂衛星システム

【測位衛星】

米国のGPSや日本の準天頂衛星システムなど、カーナビやスマホなどでの現在位置の計測や測量用に宇宙から測位信号を送信するための人工衛星。

【地球観測衛星】

さまざまなカメラやセンサなどを搭載し、宇宙から地球を観測するための人工衛星。気象観測目的の場合は気象衛星、軍事目的の場合は偵察衛星ともいう。

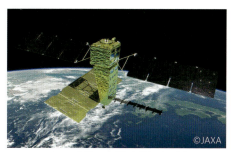

JAXAの先進レーダ衛星「だいち4号」

宇宙から地球を見る「衛星地球観測」

　地球観測衛星で宇宙から地球を見る「衛星地球観測」。地図アプリで使われている衛星写真や、天気予報で使われている静止気象衛星「ひまわり」の雲画像など身近な観測情報の他にも、陸上の地盤変動や土壌水分、大気中の温室効果ガスや水蒸気量、海洋の表面温度やプランクトンの量など、陸海空の多様な観測データを取得可能で、さまざまな分野での利用が広がっています。本項ではその概要について見ていきましょう！

衛星地球観測とは？

　衛星地球観測とは、地球を周回するカメラやセンサを搭載した人工衛星（＝地球観測衛星）で、地球の大気、海洋、陸地、人工物などから反射されたり、放射されたりする電磁波（光や電波）を宇宙から観測することを指します。遠くから物に触らず観測するので「リモートセンシング」とも呼ばれます。広く見渡せる宇宙からの視野を活かして地球全体を広域観測したり（全球観測）、都市部や農地などの関心領域をズームアップして詳細に観測したりすることもできます。

　衛星写真のように見た目で判別できる情報の他、右の図に示すような多くの情報を把握することが可能です。地球観測衛星やカメラ・センサ、観測できる情報などについては、2章で詳しく見ていきます。

20　　1章 ◖● 宇宙から地球を見るのはなぜ大事？

地図アプリなどで活用される衛星写真（衛星画像）

雲を透過して撮影が可能な衛星レーダ画像

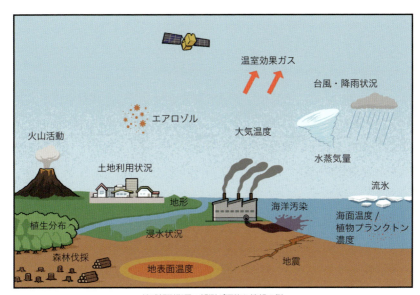
地球観測衛星で観測が可能な情報の例

21

衛星地球観測が皆さんにとってなぜ重要なのか？

　宇宙から多種多様な情報を把握できる衛星地球観測ですが、どのような観点で皆さんにとって重要だと言えるのでしょうか？

　新規事業開発に取り組むビジネスパーソンの皆さんにとっては、衛星地球観測は、ご自身の業界の取り組みとかけ算し、誰も実現していないような競争力のある新規事業を創出しうるテーマとして重要だと言えます。地球観測衛星の観測能力の向上や、クラウド、AI、ビッグデータなどを活用した解析技術の高度化などにより、安全保障や防災のみならず、農業や漁業、環境モニタリング、インフラ監視や保険、金融など多様な産業を対象とした衛星データ利用ビジネスが急速に拡大しており、各産業におけるデジタルトランスフォーメーション（DX）やグリーントランスフォーメーション（GX）につながる成長市場として衛星データ利用ビジネスへの期待が高まっています。

　より本質的には、激甚化する風水害や地震などの大規模災害への対策、老朽化するインフラの監視や、気候変動の緩和策や適応策、安全保障や経済安全保障の確保など、ほとんどの皆さんに関わりのある深刻な社会課題の解決において、衛星地球観測は不可欠な役割を果たすツールとして重要だと言えます。衛星地球観測の仕組みやその有用性について理解し、日々の生活や仕事の中で積極的に活用することで、こうした課題の対策により効果的に取り組むことができ、持続可能で安心・安全な未来社会の実現に貢献することができるでしょう。

　こうした衛星地球観測の多元的な活用や、重要性の高まりについては、3章で詳しくご紹介します。

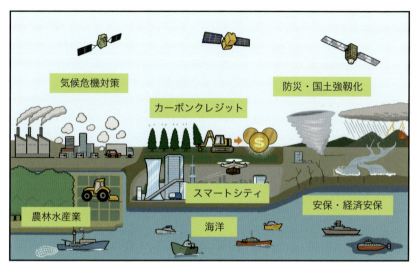

さまざまな分野における衛星地球観測の活用

　最後に、衛星地球観測は、私たちがよりよい未来社会を築くうえで不可欠な「新しい視点」をもたらしうる、という重要性が挙げられます。宇宙から見た儚く美しい地球の姿や、衛星地球観測が可視化する地球環境の変化や気候変動の影響などの現状把握や未来予測は、身の回りのことを考えるだけでは得られない、地球や未来社会に対する俯瞰的なものの見方を与えてくれます。この観点については、宇宙飛行士の活動や宇宙旅行に関するものも含め、5章で詳しくご紹介します。

　ここまで本書を読んで、皆さんは衛星地球観測について、どのような印象を持たれたでしょうか？ やはり理系の人が仕事で関わる難しそうなもので、自分には関係なさそう、と改めて思われた方もいらっしゃるかもしれませんね。そんな方々に向けて、「宇宙から見る地球」を「自分ゴト」として捉えていただくための情報は、4章で詳しくご紹介したいと思います。

コラム 衛星地球観測と私

　本書では、本筋から外れるけれどご紹介したいトピックについて、章ごとにコラムとしてお届けします。本章のコラムでは、衛星地球観測と私の関わりについて、ご紹介したいと思います。

　私は1980年に札幌に生まれ、ガンダム、星空の本やプラネタリウムに影響を受けて宇宙大好き少年として育ちました。小学校6年生のときに、宇宙飛行士の毛利衛さんの「宇宙から見る地球」の話を聞いてワクワクし、宇宙飛行士に憧れるようになりました。中学3年生のときには、宇宙の日作文コンテストの授賞式で宇宙飛行士の向井千秋さんにお会いして、宇宙飛行士を目指す思いを強くしました。その後、北海道大学の工学部に進学し、宇宙システム工学の研究室で人工衛星やロケットについて学びました。

　2005年にJAXAに入構し、国際宇宙ステーション（ISS）の日本実験棟「きぼう」のプロジェクトに配属され、運用管制官（フライトコントローラ）として訓練を受け、「きぼう」の組立ミッションに参加しました。管制室で見たISSから届く地球の映像は美しく、たくさんのことを考えさせてくれました。2008年の宇宙飛行士候補選抜試験に応募しましたが、2次試験で落選。子供の頃からの夢に区切りをつけることになりました。

2010年に社内人材公募に応募し、フィリピンのマニラに本部のあるアジア開発銀行（ADB）に宇宙技術専門官として出向しました。人々の生活により直接的な地球上の社会課題の解決に貢献できる衛星利用について学びたいと思ったのです。これが私と衛星地球観測の出会いとなりました。

　ADBは、アジア太平洋地域の開発途上国における交通、水道、都市開発などのインフラ開発に融資や無償援助を行う国際金融機関です。私はADB初の宇宙技術の専門家として、衛星降水データなどを活用した洪水予測・被害軽減

のためのプロジェクト、衛星レーダ画像を活用した農業統計プロジェクト、衛星蒸発散量データを活用した灌漑管理プロジェクト、衛星画像を使って現地住民が防災地図をつくれるようにする防災プロジェクトなどを立ち上げ、推進しました。宣教師のフランシスコ・ザビエルのように新天地で布教するような感覚で、衛星技術を知らない多種多様な分野の専門官に対してその利用可能性をわかりやすく伝え、活用に向けた議論を重ねたことや、受益者のいる現場に入って社会実装に向けて試行錯誤したことは、その後のキャリアでさまざまな分野の方々と対話して衛星地球観測の新規利用を探索するうえでの礎となるとても良い経験となりました。

　JAXAに戻り、従来と異なる切り口で戦略や新規プロジェクトを企画検討するミッション企画部に配属され、JAXAが民間企業と宇宙ビジネスの実現に向けて共同で事業コンセプトの検討や研究開発を行う「宇宙イノベーションパートナーシップ（J-SPARC）」を立ち上

げました。J-SPARCでは、民間企業の方々と衛星地球観測を活用した新しいビジネスの創出に向けて取り組みました。

その後、JAXAを所管する文部科学省の研究開発局 宇宙開発利用課に派遣され、地球観測衛星などの開発・利用や宇宙産業の振興に関する宇宙政策の企画・調整を担当しました。衛星地球観測の価値について、国益の観点で理解するとても良い経験となりました。

その後、2025年3月現在まで、①衛星地球観測分野の将来戦略や新規衛星の検討、②革新的なマイクロ波観測衛星プロジェクト（SAMRAI）、③衛星地球観測分野の産学官連携を推進するための衛星地球観測コンソーアム（CONSEO：3章コラム参照）の事務局などを担当しつつ、クロスアポイントメント制度を利用し、ソニーグループ（株）（以下ソニー）に出向し、誰でも人工衛星で宇宙から地球を撮影できる「宇宙撮影体験」の提供を目指す宇宙感動体験事業「STAR SPHERE（スタースフィア）」の事業開発を担当しています（5章コラム参照）。また、「宇宙ナビゲーター コスモさん」として、宇宙や地球の素晴らしさを伝えるアウトリーチ活動も進めています。

以上のように、15年近く、JAXA、国際機関、官庁、民間企業など、多角的に衛星地球観測に携わり、衛星地球観測の価値や将来性について考え、産学官の仲間たちとさまざまな取り組みを進めてきました。本書では、これらの経験を通して得た知見や考察を最大限活用するとともに、私が感じる衛星地球観測の素晴らしさをわかりやすくお伝えしたいと思っています！

2章

宇宙から
地球を見るには？

人間が宇宙に行って地球を見る代わりに、宇宙から
地球を観測し続けてくれているのが「地球観測衛
星」です。その眼となるカメラやセンサには、光を
見るものや電波を見るもの、画像を撮影するものや
表面温度、降水量、温室効果ガス濃度などの情報を
把握するものなどたくさんの種類があります。本章
では、技術的な内容で難しく感じてしまいがちな
「地球観測衛星」の仕組みや種類について、できる
だけわかりやすくご紹介していきます。

地球観測衛星のキホン

　地球観測衛星、なんか難しそうな機械みたいなやつと思って食わず嫌いしていませんか？　まずは基本知識として、どんな要素からできていて、どんな仕組みで動いているのか見ていきましょう。また、地球観測衛星が地球を周回する通り道（軌道）の種類や、それによる観測の違いなどについてご紹介したいと思います。どんなものか知れば、地球観測衛星が今より身近に感じられるはず！

地球観測衛星のサイズ感

　本書の主役、地球観測衛星の大きさをイメージできますか？

　JAXAやNASAなどの宇宙機関の地球観測衛星や、気象機関が運用する気象衛星は、できるだけ広域に観測するため、もしくは、できるだけ高精度な観測を行うために、小型バスくらいの大きさで重さも数トンあるような見上げるくらい大型の衛星であることが多いです。日本だと三菱電機やNECが大型衛星の開発能力を有しています。例えば、気候変動などの地球規模課題の解決に必要な情報は、地球全体の観測を長期にわたって継続的に行う必要があり、世界各国の大型衛星が、国際協力に基づく役割分担のもと、それぞれの強みを活かした観測を行っています。

一方、電子機器などの技術の進展やリスクを許容した民間主体の商業宇宙活動の広がりにより、安価で開発期間を短くできる、小型・超小型サイズの地球観測衛星の活用が広がっています。

　小型衛星は、大型衛星と異なり、機器が故障した際のためのバックアップ機器の搭載が限定的ですが、安価なため同じ開発費で多数の衛星を打ち上げることができるため、多少衛星が壊れても全体として機能できるバックアップ性（冗長性と言います）を確保できます。また、1機ごとの機能・性能は限定されますが、多数の衛星が時間間隔をずらして飛来するようにすることで、高頻度にさまざまな時間に観測することができるようになります。

大型衛星であるJAXAの「だいち4号」。質量約3トン。

人の大きさと比べると、大型衛星と小型衛星の大きさの違いがわかりますね！

アクセルスペースの小型光学衛星GRUS。質量100kg級。

地球観測衛星はスマホと同じ？

　何やら得体のしれない複雑なものだと思ってしまうかもしれない地球観測衛星ですが、宇宙にある「スマホ」のようなものだと思えば親近感がわいてきませんか？　スマホには、通信アンテナ、電力を蓄積・供給するためのバッテリー、動作するためのコンピューター、データ記録のためのメモリ、撮影用のカメラ、位置を把握するためのGPS受信機、傾き（姿勢）を把握するためのジャイロなどが搭載されています。地球観測衛星も、スマホと同じようにこれらの装置を搭載しており、カメラや目的に応じた観測センサを搭載します。

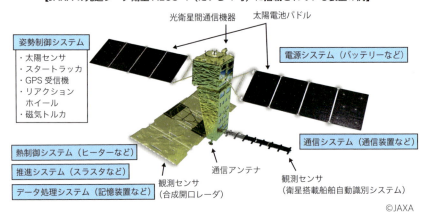

【JAXAの先進レーダ衛星ALOS-4（だいち4号）に搭載されている装置の例】
©JAXA

　地上との通信は、地上にあるアンテナ（地上局）との間で行います。高度300〜1000km程度の低軌道の衛星は時速3万km弱で動いているので、一つの地上局との通信時間は約10分に限られます。世界中にある地上局を複数使って、衛星への指令の送信や衛星の状態や観測データの受信を行います。地上局から衛星が見えない時間は、

スマホで言う「圏外」になってしまってつながらないわけですね。
　圏外の時間を少なくするため、地上局と通信するだけでなく、「データ中継衛星」を使って通信時間を増やしているものもあります。

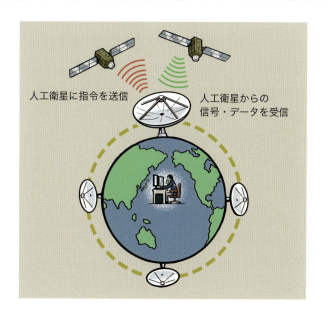

　スマホと違うところもあります。スマホはコンセントで充電しますが、宇宙にコンセントはありませんね。宇宙では太陽電池で発電してバッテリーを充電します。太陽が当たらない地球の陰を通るときには、充電していたバッテリーの電力を使います。バッテリーをたくさん搭載できる大型衛星は常時観測できるものが多いですが、バッテリーが限られる小型衛星は電力がすぐなくなり、観測せずに充電に専念する時間が必要なため、観測場所や時間を限定する必要があります。
　衛星は、太陽に当たるときと当たらないときで大きく温度環境が変わります。宇宙は空気がないので、空気が熱を伝えてくれません。太陽に当たる側は120度、当たらない側は-150度にもなります。ヒー

ターや熱が逃げないように／伝わらないようにする断熱材を使ったり、熱の吸収や放出をコントロールするために表面の色や素材を工夫したりして、各機器が適切な温度に保たれるよう熱制御を行います。

　また、空気抵抗によって衛星の通り道＝軌道がずれてしまうため、ガスなどを噴出して軌道のずれを直すことのできる推進システム（スラスタなど）を搭載している衛星も多いです。宇宙空間で移動するためには、何かを吹き出す必要があるので、衛星の中のタンクに燃料を積んでおいて、ときどき使うことで高度のずれなどを防ぐわけですね。

　最後にちょっと難しい、衛星の姿勢の変え方について説明しましょう。カメラを観測したい方向に向けたり、太陽電池を太陽に向けたり、通信アンテナを地上局に向けたりなど、姿勢を動かしたり維持したりする必要があるため、衛星は姿勢を制御するシステムを搭載しています。宇宙では姿勢を変えるのにも特別な方法が必要なんです。

　方式はいくつかありますが、リアクションホイールという回転する円盤を使う方式では、円盤（ホイール）を回転させることによって発生する反動で姿勢を変えたり、姿勢が乱れた場合の修正をしたりします。搭載した電磁石（磁気トルカといいます）と地球の磁場の間に働く力を使って制御する方式もあります。また、観測対象にセンサを正しく向けるために、衛星が向いている方向を精度よく決定するための姿勢センサを搭載しています。

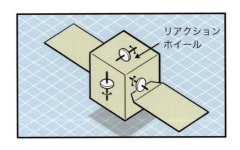

地球観測衛星の通り道＝「軌道」

　衛星は、ロケットにより宇宙空間に放出され、地球の周りを回るようになりますが、放出される高度や傾きによって、衛星の通り道「軌道」が決まります。

　地球に近い低い高度の方が地球を詳細に観測できるため、地球観測衛星の多くは高度300-1000kmくらいの「低軌道」で観測します。

　また、高高度から広範囲を常時観測できる「静止軌道」も重要な軌道です。重力は地球から離れていくほど弱くなるので、高高度を周回する人工衛星はスピードが遅くても（遠心力が小さくても）回り続けることができます。高度300kmでは約90分で地球を1周するのに対し、高度1000kmでは約100分かかります。さらに地球から離れるにつれて周回時間は長くなっていき、地球の直径3個分くらい離れた高度約36000kmで、周回時間がちょうど24時間になります。衛星の周回速度と地球の自転速度が一致するため、衛星をこの高度の赤道上空で周回させれば、地上から衛星を見るといつも同じ場所に「静止」しているように見えるようになります。これが「静止軌道」です。静止気象衛星「ひまわり」がこの軌道にあります。静止軌道から1機の衛星が見渡せる範囲は地球の約3分の1（「ひまわり」だと東はハワイから西はインドくらいまで）なので、アメリカやヨーロッパなどが、さまざまな経度に各国が静止気象衛星を配備しています。

　静止軌道は地球から遠いので、地表などを細かく観測できず、赤道からの観測なので北極や南極周辺は観測できませんが、ほぼ常時広範囲を見渡すことができるので、雲や台風などの気象観測に最適です。

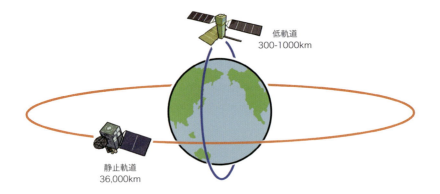

　一方、低軌道は地表に近いため、地表などを細かく観測することができます。入手可能な衛星画像で最も細かく見えるものは、約30cmの空間分解能を持ちます。

　また、衛星が地球を1周して戻ってくる間に地球が自転するため、1周後に下にある場所が変わるので、何度も周回を重ねることで、極域を含む地球のさまざまな場所の観測が可能です。

衛星は常に同じ場所（軌道）を回り続けている

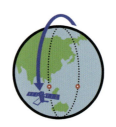
衛星が軌道を1周する間に地球が自転して、地球表面の観測場所がずれる

衛星が何度も地球を回る間に地球が自転して元の場所に戻ってくる

以下のように、軌道高度と人工衛星のセンサの能力（例：ズーム能力）によって、観測画像やデータの細かさ（空間分解能）や視野範囲・観測幅が決まります。

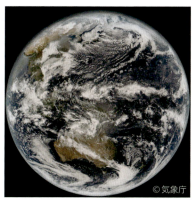

「ひまわり9号」の視野（高度約36000km）
➡観測幅約28000km（赤道上）

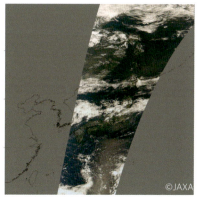

JAXAの「しきさい」の視野（高度約800km）
➡観測幅約1150km

JAXAの「だいち」の視野（高度約692km）
➡観測幅約70km

ソニーの「EYE」の視野（高度約470km）
➡焦点距離28mm（一般的なデジカメ）の撮影幅
（軌道上で肉眼で見た視野に近い）

低軌道の中で地球観測衛星に人気のある特別な軌道が「太陽同期軌道」です。赤道にほぼ垂直に南北に周回する軌道で、軌道の傾きや高度を調節することで、毎日観測対象を同じ時間（地方時）に観測できる軌道です。これ以外の軌道だと観測地方時は一定ではありません。毎日同じ時間に観測でき

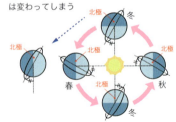

軌道面が動かない通常の軌道（左）の場合、地球が公転すると太陽から見た軌道面の角度は変わってしまう

太陽同期軌道は公転と合わせて軌道が回転（1日1度＝1年で360度）し、太陽から見た軌道面の角度はほぼ一定に保たれる＝毎日観測時間が変わらない

ると、観測条件が同じになりデータが比較しやすいのです。ロケットで衛星を投入する際に、太陽に対する軌道面の傾きや高度を調整することで、以下のように色々な観測地方時を選択できます。

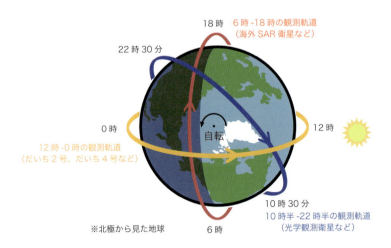

※北極から見た地球

その他、赤道から見て斜めに周回することで、特定の領域をより高頻度で観測できるようにした「傾斜軌道」を使う場合もあります。

どの軌道でも、周回を続けるとずれてくるので、軌道を維持するための推進系（ガスなどを吹くエンジン）を搭載する衛星が多いです。

衛星コンステレーション

複数の衛星を連携させて一体的に運用するシステムを「衛星コンステレーション」といいます。1章で紹介したスペースXの衛星通信サービス「スターリンク」は通信衛星のコンステレーションで

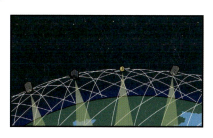

す。コンステレーションとは「星座」という意味で、複数の衛星が連携する様子を星がつながる星座になぞらえたわけですね。小型で安価な地球観測衛星が誕生したことで、数十機、数百機規模の地球観測衛星コンステレーションの実現が現実的となりました。複数の衛星で観測することで観測頻度を向上させることが可能です。米国のスタートアップPlanet Labsは、200機近い超小型の光学観測衛星Doveのコンステレーションを構築していますし、日本でも複数のスタートアップが地球観測衛星コンステレーションを用いたビジネスの事業開発に取り組んでいます。

また、宇宙機関や企業など複数の組織が独自に運用するさまざまな衛星を、組織を超えた疑似的なコンステレーションである「バーチャルコンステレーション」とみなし、データの統合解析などに活用する取り組みも進められています。

広域を観測できる大型衛星で詳細に観測する対象を識別し、その情報をベースに高頻度で狭い範囲を詳細に観測できる小型衛星で観測したり、精度の高い大型衛星の観測データを用いて小型衛星の観測データを補正したりするなど、多様な衛星をバーチャルコンステレーションとみなした融合利用が進んでいます。

地球を見る衛星の「眼」

　地球観測衛星のキホンがわかったところで、本項では、その「眼」となるカメラやセンサなどの観測装置や観測データについてご紹介しましょう。観測装置と観測データの種類や仕組みを理解することで、3章でご紹介する多種多様な利用方法や衛星データビジネスのキーワードが理解しやすくなります。技術的な話が苦手という方は、本項はスキップしていただいても大丈夫ですよ！

地球観測衛星は電磁波（光や電波）を観測

　地球観測衛星は、搭載したカメラやセンサを用いて、地球の大気、海洋、陸地、人工物などから反射されたり、放射されたりする「電磁波（光や電波）」を宇宙から計測します。

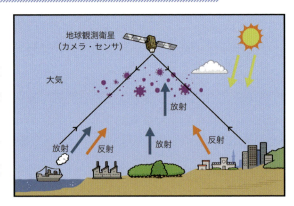

　対象物に触れずに遠隔から（リモートに）観測（センシング）するので「衛星リモートセンシング（リモセン）」とも呼ばれますね。

電磁波って何？

電磁波とは、電界と磁界が空間を伝わる「波」のことで、「波長」もしくは「周波数」によって分類されます。

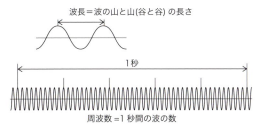

波長と周波数は反比例の関係にあり、波長が長いほど周波数は小さくなります。下の図は電磁波を波長もしくは周波数で分類したものです。図にある宇宙線、γ線、x線は衛星地球観測ではほとんど出てこないので、ここからは「光」と「電波」に注目してください。

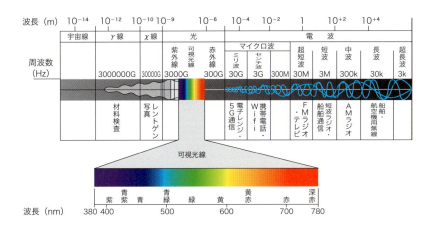

光は、波長の短い（周波数の大きい）ものから、紫外線➡可視光線（紫➡青➡緑➡黄➡赤）➡赤外線というように分類されます。赤外線より波長が長い電磁波は電波となり、波長の短いものからマイクロ波➡短波➡中波➡長波と分類されます。波長が長い電波は壁や雲などを透過するので、通信目的での利用が広がっています。

光でものが見える仕組み

　私たちの「眼」は、光を使ったリモートセンシングセンサと言えます。センサが観測する「反射」や「放射」について理解するため、初めに光の反射でものが見える仕組みについて確認していきましょう。

　イチゴが赤く見えるのはなぜかわかりますか？ 太陽や照明などの光には、さまざまな波長の光が含まれています。白っぽい太陽の光をプリズムにあてると虹のように7色の光にわけられるのを見たことがあるでしょう。さまざまな波長を含む太陽光のような光がイチゴに当たると、赤以外の光が吸収され、赤い波長の光だけが反射されて目に届きます。このように、イチゴの表面でどのような光が吸収され、反射されるかによって、見える色が決まります。

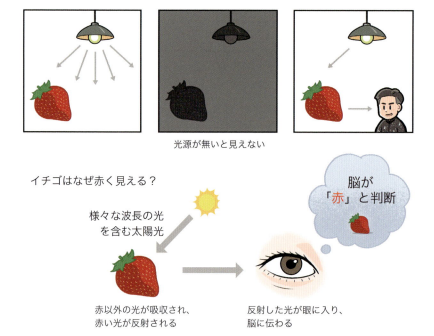

波長ごとの反射の強さは、物体によって異なり、赤いイチゴは赤い光を中心に反射します。同様に、土、水、植物なども地球の表面で反射の特性が異なり、見え方が変わります。たとえば、植物は近赤外線を強く反射します。

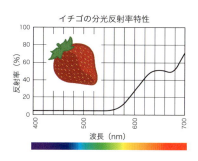

また、どんな物質でも熱をもっていれば赤外線やマイクロ波などの電磁波を「放射」しています。光源が無く暗い場所でも、赤外線の放射を捉える赤外線カメラを使えば見ることができますよね。

衛星地球観測では、太陽光の「反射」や地球の「放射」をさまざまな電磁波で計測し、観測対象の種類や状況を把握できます。

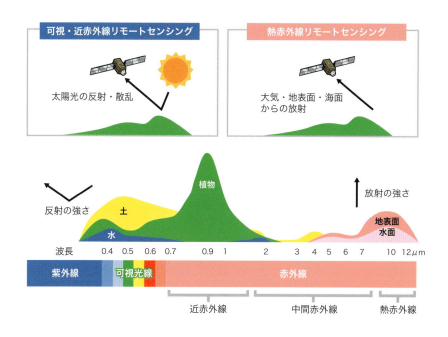

光学観測とマイクロ波観測

　衛星地球観測で用いられる主要な電磁波は、光と電波の1種である「マイクロ波」です。光を対象とした観測は光学観測（光学リモセン）、マイクロ波を対象とした観測はマイクロ波観測（マイクロ波リモセン）と呼ばれています。まずは大きく、光とマイクロ波、この2種類だと覚えちゃってください。

　光学観測では、主に太陽光（可視光線や近赤外線）の地球での「反射」と、地球が出す中間・遠赤外線の「放射」を観測します。
　また、太陽光は真空の宇宙を通って太陽から地球まで到達しますが、大気に差し掛かると、空気分子、水蒸気やエアロゾル（空気中を漂う微粒子）などで吸収・散乱され、地表に到達できる波長の光と減衰してしまう波長の光にわかれます。衛星地球観測では、大気中でほとんど吸収・散乱されずに地表まで届くことのできる「大気の窓」と呼ばれる波長域の光を主に観測します。右図のように、青い線で示された太陽光が、大気によっていくつかの波長域で吸収され、地表での強さを示す線はでこぼこになっていますね。

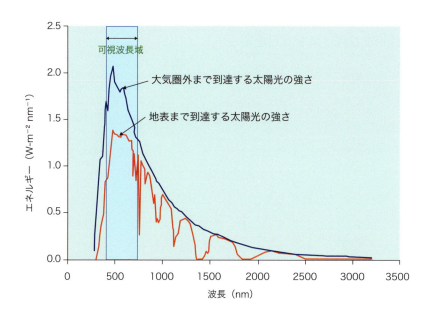

　大気での太陽光の吸収量は、温室効果ガスである二酸化炭素（CO_2）やメタン（CH_4）などの大気中の分子などの濃度と相関があるため、これらのの分子による光の吸収量を高精度に測定することで、これらの気体分子の濃度を計測することが可能です。

　次に、地球が出している放射についてですが、物体がどの波長の電磁波を強く放射するかは、物体の表面温度によって決まっています。地表や人間の体温など30℃くらいだと熱赤外線（遠赤外線ともいいます）の放射が強くなります。暗闇でも見ることのできる赤外線カメラや、表面温度を測ることのできるサーモグラフィは熱赤外線放射を計測しています。より高温の数百℃の物体は中間赤外線を強く放射します。光だけでなく、微弱ながらマイクロ波も放射されています。後述するマイクロ波放射計というセンサは、この微弱な地球のマイクロ波放射を観測しています。

地球観測センサの種類

地球観測センサは、光を観測する光学センサと、電波を観測する電波センサにわけられます。電波センサは、電波のうち主にマイクロ波を観測するのでマイクロ波センサとも呼ばれます。

また、それぞれ「受動型センサ」（パッシブセンサ）と、「能動型センサ」（アクティブセンサ）にわけられます。受動型センサは、その名の通り自分では電磁波を出さず、地球が出す電磁波を受動的に計測するタイプのセンサです。一方、能動型センサは、センサ自体が光源／電波源となって光やマイクロ波を観測対象に対して発射して、その反射や散乱を観測するタイプのセンサです。フラッシュで光を出して対象を照らして撮影するデジカメは能動型です。

受動型の光学センサには、デジタルカメラと同様に画像を撮影する「光学イメージャ」、大気の情報などを三次元で観測可能な「光学サウンダ」、温室効果ガス濃度などを計測するための「分光計」などがあります。能動型の光学センサには、レーザーポインターのように宇宙からレーザ光を発射し、大気や地表の反射や散乱を計測する「ライダー」があります。主要なものを以下にまとめます。

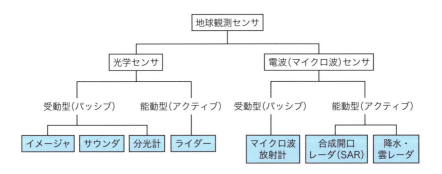

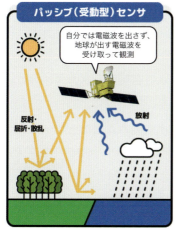 

　受動型のマイクロ波センサには、海面・大気などから放射される微弱なマイクロ波を観測する「マイクロ波放射計」があります。能動型のマイクロ波センサには、地表にマイクロ波を放射し、反射・散乱したマイクロ波を計測して撮像する「合成開口レーダ（SAR）」や、雲に対してマイクロ波を放射して、雲の中の氷や雨などの粒子を観測する「降水・雲レーダ」があります。

　他にも、マイクロ波を海面に放射し、戻ってくる散乱波の強さから波の強さを観測して海上の風の強さや向きを算出する「マイクロ波散乱計」や、戻るまでの時間から衛星と海面の距離を計測する「マイクロ波海面高度計」、GPS衛星から発射される電波の大気による伝播遅延量を計測して大気の温湿度などを推定する「GPS掩蔽（えんぺい）センサ」など、多様な観測センサがあります。衛星の軌道と速度の変化を精密に測り、地球の重力場を計測する衛星もあります。

　次項から、観測センサをご紹介しますが、まずは画像を撮影でき、ビジネス利用も広がる光学イメージャとSARから始めていきます！

デジカメと同じ！ 光学イメージャ

　光学センサの基本は、可視光や近赤外線の光で画像を撮影する「光学イメージャ」です。望遠鏡でズームできるデジタルカメラというイメージです。明るく見える口径の大きい望遠鏡によって、空間分解能を高めることが可能です。現在は、車や樹木などを一つ一つ見分けられる約30cmが一般に入手可能な画像の最高の分解能です。ズームすると観測範囲が狭くなるため、ズームをそこそこにして、広い範囲を観測することを重視した広域観測型のセンサもあります。

　また、可視光だけでなく、さまざまな波長の反射や放射を観測することで、植物の生育状況、クロロフィル濃度、地表面温度、海面温度など多くの情報を推定し、マッピングすることができます。

	広域観測	詳細観測
空間分解能	10m～数10m	0.3m～数m
観測範囲 （観測幅）	数100km	10km～数10km
画像例	Contains modified Copernicus Sentinel data (2017), processed by ESA Sentinel-2画像	©JAXA SLATS画像

たとえば、植物が近赤外線を強く反射するとお話ししましたが、赤色が植物の葉緑素に吸収される特性も利用することで、近赤外線と赤の波長のデータを用いた植生指数（NDVI）とい

植物の活性度を測る植生指数 NDVI
（Normalized Difference vegetation index）

$$NDVI = \frac{(IR - R)}{(IR + R)}$$

IR：近赤外線の波長　R：赤色の波長

う情報をつくることができます。この指数は植物が茂っている場所ほど大きくなり、植物の活性度をマッピングするのに有効で、農林業、環境分野などで植物の生育状況を把握するために活用されています。

また、多数の観測波長で観測できる「多波長センサ」や「マルチスペクトルセンサ」と呼ばれる光学センサもあります。マルチ（複数の）スペクトル（波長ごとの光の強度）を測定するセンサですね。

さらに、100以上の波長を観測できる「ハイパースペクトルセンサ」もあります。たくさんの波長を観測すると、各波長の受光量が少なくなるため、通常の光学イメージャに比べ、空間的には細かく観測できませんが、たくさんの波長の計測情報を組み合わせ、形だけではわかりにくい樹種の分類、鉱物資源の把握などに用いられています。

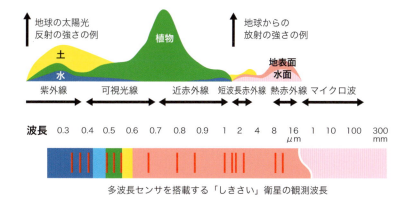

多波長センサを搭載する「しきさい」衛星の観測波長

分解能 ➡ どれだけ細かく見えるか

ここで、観測センサが、地上の物体をどれくらいの大きさまで見分けることができるかを示す「空間分解能（たんに分解能とも呼ばれます≒解像度）」についてご紹介します。

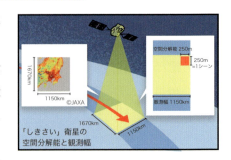

「しきさい」衛星の空間分解能と観測幅

分解能が高いほど、地上の細かい様子を観測でき、詳細な画像を得ることができます。安全保障用の衛星を除く、商用衛星としての世界最高の分解能は、航空写真に匹敵する約30㎝を見分けることができる分解能で、これは、車一台一台まで判別できるレベルです。分解能の高い衛星データは、法律によって流通が制限されています。

同じ光学イメージャを搭載した衛星の場合、低い高度に投入することで分解能をよくすることができますが、観測範囲は狭くなります。反対に、高い高度に投入することで分解能は悪くなりますが、広範囲を観測でき、1機あたりの観測頻度を高められます。低くしすぎると空気抵抗で周回できなくなるため限界があります。

高分解能で観測することに特化した、高度約180～300kmの超低高度軌道（VLEO）で観測する衛星

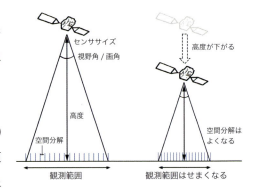

もあります。高度が低いと大気の影響を受けやすくなるため、燃費の良いイオンエンジンなどの推進システムで高度を維持しつつ観測を行います。分解能の違いによって衛星画像やデータの見え方は以下のように異なります。

2.5m分解能光学画像

80cm分解能光学画像

光学画像の分解能の違い

250m分解能海面水温データ
（JAXA「しきさい」）
※分解能は良いが雲で欠損

50km分解能海面水温データ
（JAXA「しずく」）
※分解能は悪いが雲域も観測可能

海面水温データの分解能の違い

雲があっても夜でも画像撮影できる：合成開口レーダ（SAR）

　次にマイクロ波で画像を撮影できる「合成開口レーダ：Synthetic Aperture Radar（SAR＝サー）」についてご紹介したいと思います。「レーダ」とは、マイクロ波を対象物に向けて発射し、反射・散乱したマイクロ波を測定することにより、対象物までの距離や方向を測る装置です。航空機や船舶の位置を把握するレーダや、雨雲を把握する気象レーダ（降水・雲レーダ）がよく知られていますね。衛星の移動とともに時系列にマイクロ波を照射して、受信した結果を合成処理することで大きな開口アンテナを仮想的につくり出し、地表の状態を画像化するセンサが「SAR」です。

　センサの原理上、白黒のざらざらとした画像になります。水面など滑らかな地表ではマイクロ波が反射してセンサに戻ってこないため黒く見え、森林などの粗い地表ではマイクロ波が一部返ってくるので明るく（白く）見えます。

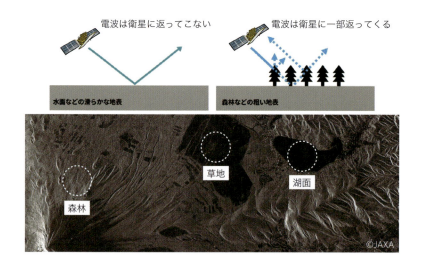

マイクロ波は雲を透過するため、雲があっても地表の観測が可能です。また、能動的にマイクロ波を出すので、光源が無く夜は見えない光学イメージャと違い、昼夜関係なく地表を観測できます。雲が無い白黒の写真だと、同じ場所でも雰囲気がぜんぜん違いますよね！

 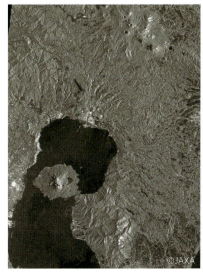

光学画像（左）とSAR画像（右）の見た目の違い

　雲があっても観測が出来るため、さまざまな用途での活用が広がっています。たとえば、雨が多い季節でも水田をSARで継続的に観測できるので、耕作地域の分布や生育状況を定期的に把握することが可能ですし、豪雨の際の被災状況の把握も可能です。

　SARは、使うマイクロ波の周波数によって分類されます。周波数の高いXバンドは小型化しやすいため小型衛星に搭載して、複数衛星によるコンステレーションを構築し、高頻度観測に用いられています。高い分解能（最大数十cm）の詳細な画像を高頻度に取得できる能

力を活かし、小型XバンドSARコンステレーションによるビジネスが国内外のスタートアップにより展開されています。

	Lバンド	Cバンド	Xバンド
観測周波数	1〜2GHz	4〜8GHz	8〜12GHz
【画像の観点】			
解像度	粗い ←	→	細い
透過性	大きい ←	→	小さい
対象物	自然物 ←	→	人工物
【衛星に対する観点】			
必要な電力	大きい ←	→	小さい
小型化	難しい ←	→	易しい
広域観測	易しい ←	→	難しい
衛星例	だいち2号、4号	Sentinel-1	STRIX、QPS-SAR

　一方、JAXAが「だいち」シリーズで用いているLバンドは、分解能はそこそこ（最大3m）ですが、波長が長いマイクロ波が木の葉や枝、草を透過できるため植物の下の地表面の状況を把握できます。この特性を活かし、植物が生えている場所のインフラや地盤の変動の観測に適しています。また、広域を観測しやすく、海上の広域の船舶動向の把握や大規模災害における広域での被災状況の把握などで活躍しています。

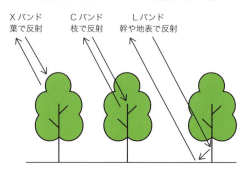

2章 •)) 宇宙から地球を見るには？

また、地盤変動を計測するための「干渉SAR」という特殊な観測方法があります。

異なる時期に、軌道上の同じ位置から同じ条件で地表面を観測したときに、地表面が変動してい

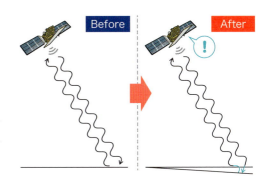

れば、マイクロ波のずれ（位相差）として計測できる仕組みです。マイクロ波の波長によって変わりますが、JAXAの「だいち」シリーズで用いるLバンドでは数cmの変化がわかります。同じ位置から観測しないと電波が干渉しないため、衛星には高精度に軌道上の位置を保持する能力が求められます。

干渉SARは広範囲の地盤変動を「面的に」観測できる他にない観測手段です。国土地理院などが、地盤沈下や地震による地盤変動の把握、地盤変動を伴う火山活動の監視などに活用しています。また、港湾、空港、堤防などのインフラが沈下している場所や斜面の変動を面的に把握し、詳細な現

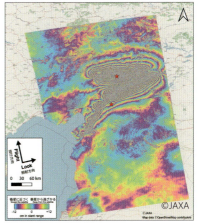

地測量など対策が必要な地点を識別するサービスや、斜面崩壊の危険度を可視化するサービスなどが民間企業により提供されています。

53

宇宙にある「気象レーダ」：降水・雲レーダ

　降水・雲レーダは、衛星から地球に向かってマイクロ波を発射し、雲、雨粒や雪から反射・散乱されたマイクロ波を受け取ることで、雲分布や雨雲の中の降水分布を立体的に観測できるセンサです。地上の気象レーダが宇宙にあるイメージですね。

　マイクロ波の周波数によって得意とする観測対象が異なり、強い雨は13.6GHz（Ku帯）、弱い雨や雪は35.5GHz（Ka帯）、雲、霧雨や弱い雨は94GHz（W帯）で観測します。周波数が高いと細かい粒が観測できます。

　観測したマイクロ波の周波数を精密に測定することで、雲や雨粒の上昇・下降の動き（ドップラー速度）の把握も可能です。救急車が近づくときと離れるときで音の高さが変わることをドップラー効果と言いますが、同様に動いている雲や雨粒にあたったマイクロ波はその粒子の動く速度によって周波数が変わることを活用した計測方法です。

　地上の気象レーダは遠くまで届きませんし、「ひまわり」の可視・赤外センサでは、雨雲内部を観測できません。衛星降水・雲レーダは、全世界の雲や降水の3次元構造を把握する唯一無二の手段として、数値気象予報の精度向上や気候変動の影響把握などで活躍しています。

気候変動予測における最大の不確実性の要因として、温暖化が進むと雲がどのように変化し、その変化が温暖化の加速と減速のどちらにつながるのかわかっていないことがあります。この不確実性を取り除くために不可欠な雲の生成過程の研究において、雲の高度ごとの特性を鉛直方向に詳細に観測できる衛星雲レーダは重要な役割を果たしています。また、衛星降水レーダによる地球全体の降水量データは、温暖化と干ばつ、洪水、異常高温・低温などの異常気象との関連性の解明に向けた研究や、水資源の管理、洪水などの水災害の予警報の高度化などで活用されています。

　日本は衛星降水・雲レーダ技術を強みとしており、日米共同開発の全球降水観測（GPM）主衛星に搭載された、日本の二周波降水レーダ（DPR）や、日欧共同開発のEarthCARE衛星に搭載された日本の雲プロファイリングレーダ（CPR）などが観測を続けています。

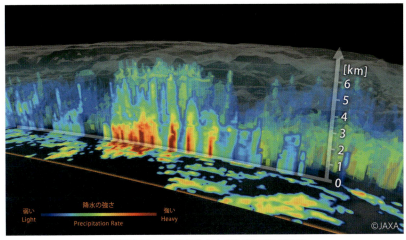

二周波降水レーダ（DPR）による降水の三次元分布図

広い範囲の地球の放射を捉える：マイクロ波放射計

マイクロ波放射計は、地球表面や大気から放射・散乱される微弱なマイクロ波を計測する受動型の観測センサです。

光学センサにもイメージャとサウンダがあったのと同様に、面的に観測するマイクロ波イメージャと、分解能は低いですが高さ方向の情報も含めて3次元の情報が得られるマイクロ波サウンダがあります。マイクロ波による観測であるため、雲があっても観測できるのが強みです。同じマイクロ波を用いる能動型センサのSARは、センサが放射したマイクロ波の強い反射・散乱を計測するため、高い分解能（最大数十cm）で観測可能ですが、受動型のマイクロ波放射計の分解能は数km～数十kmと低いです。一方、地球全体を高頻度に観測するため1000km以上の広域観測が可能なセンサが多いです。

たとえば、海面水温は約7GHz、可降水量（鉛直積算した水蒸気量）は水蒸気の吸収線付近の約22GHzというように、観測対象に感度を持つ複数の周波数のマイクロ波の強さ（輝度温度）を同時観測し、それらの値を組み合わせてさまざまな情報（物理量）を推定します。JAXAの水循環変動観測衛星「しずく」（GCOM-W）に搭載されている高性能マイクロ波放射計2（AMSR2：アムサーツー）では、右上図に示すような物理量が観測可能です。

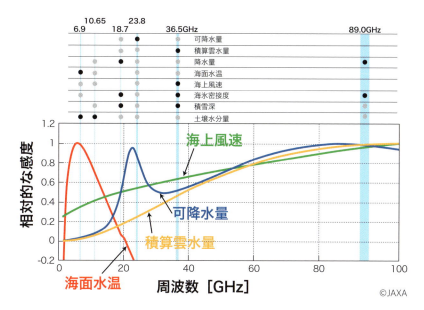

　全天候で広域に取得できるマイクロ波放射計による水蒸気量（可降水量）や海面水温、海上風速、海氷密接度などのデータは、数値気象予報や台風の進路解析、漁場探索、航行支援などに活用されています。また、降水量や土壌水分量など水に関する情報は、豪雨監視、洪水・干ばつ予測、水資源管理や気候変動に伴う水循環の変動把握などに活用されています。

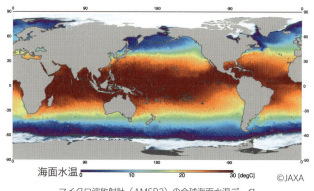

マイクロ波放射計（AMSR2）の全球海面水温データ

温室効果ガスによる光の吸収を細かく見分ける：分光計

　分光計は、温室効果ガスの二酸化炭素やメタンや大気汚染物質の二酸化窒素などの大気中の濃度を推定するため、これらの気体による太陽光や地球の放射光の吸収量を詳細に観測するセンサです。これらの気体は、固有の狭い波長幅の光を吸収しますが、吸収量から気体の濃度を推定することが可能です。光を狭い波長に分解して観測するので「分光計」といいます。二酸化炭素とメタンが吸収する波長帯は、短波長赤外線という波長帯にあります。

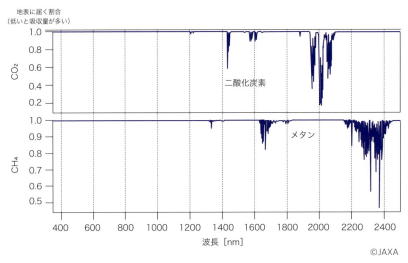

二酸化炭素（CO_2）とメタン（CH_4）が吸収する波長

環境省、国立環境研究所（NIES）、JAXAが共同開発した温室効果ガス観測技術衛星（GOSAT）「いぶき」及びGOSAT-2「いぶき2号」では、左下の図のように、観測点は飛び飛びですが、それぞれの点を高精度に観測が可能な「フーリエ変換分光計（FTS）」という方式が採用されています。一方、2025年度打上げ予定のGOSAT-GW衛星搭載の後継センサでは、温室効果ガス排出源の観測に向けて、広い範囲を面的に高い分解能で観測できる「回析格子型分光計」という別の方式が採用されています。

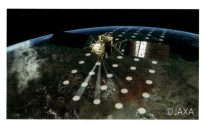

GOSAT、GOSAT-2搭載のフーリエ変換分光計による観測

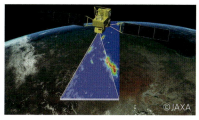

GOSAT-GW搭載の回折格子型分光計による観測

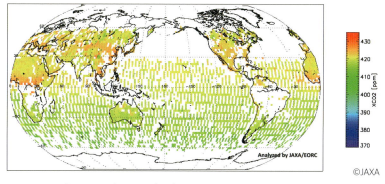

「いぶき2号（GOSAT-2）」が観測した地球全体の二酸化炭素濃度

宇宙にあるレーザーポインター：ライダー

　衛星ライダーは、センサ自らレーザ光を照射し、対象での反射や散乱を測定することで、対象までの距離や対象の性質を計測する能動型の光学センサです。電波を使うレーダの光バージョンで、大出力のレーザーポインターを宇宙から対象に当てて望遠鏡で反射・散乱を観測するイメージです。

　レーザを照射したタイミングと返ってくるまでの時間を測定することで、対象までの距離がわかります。地面までの距離を測定することで、地表の標高や地形を把握できます。ライダーは木の隙間を光が通り抜け、森林の下の地表面の標高を計測できるので、三次元地形図の高精度化に貢献します。樹木の頂点までの距離と地表までの距離の差分を取ることで樹木の高さを計測することもできます。

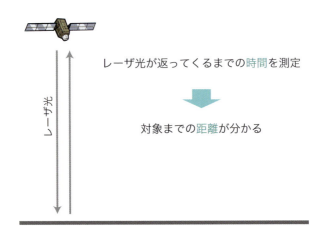

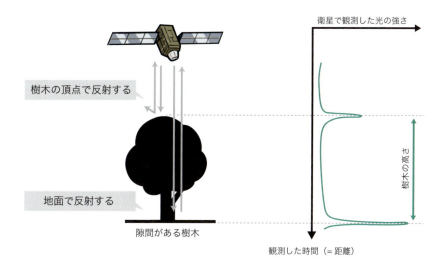

　現在研究段階にある地形を測定する衛星ライダーでは、衛星の通過した軌跡に沿って数10m間隔の測定となり、面的な計測はできません。将来的には、面的な密なライダー計測ができる衛星スキャニングライダーの実現が期待されています。

　その他、赤外線や紫外線のレーザ光を大気に照射し、大気中のエアロゾル・粒子や大気分子の鉛直分布を観測するライダーが米国により開発されています。また、ドップラー効果でそれらの動きを計測することで風速を観測する「ドップラーライダー」が欧州で開発され、気象分野などで活用されています。

　地球まで届く大出力のレーザは発熱が非常に大きく、真空の宇宙空間では排熱や寿命が大きな課題です。JAXAを中心に日本初の衛星搭載ライダーの実現に向けた研究開発が進められています。

個性豊かな地球観測衛星

JAXA、NASA、欧州宇宙機関（ESA）など各国の宇宙機関や、気象庁、米国海洋大気庁（NOAA）、欧州気象衛星開発機構（EUMETSAT）などの気象機関、欧州連合（EU）などの公的機関や、スタートアップを含む民間企業や大学が、多様な地球観測衛星を開発・運用しています。本項では主要な地球観測衛星についてご紹介します。

　地球観測衛星には、搭載するセンサ、軌道、大きさなどでたくさんの種類があります。同じような見た目の、太陽電池パネルを羽のように広げた金色や銀色のボックスにしか見えないかもしれませんが、それぞれ異なる使命（ミッション）をもって過酷な宇宙環境で観測を続けています。

　私がアジア開発銀行で衛星利用の業務をしていた2010年代前半頃までは、数百億円規模の予算で宇宙機関や気象機関など政府が打ち上げる数トンクラスの大型衛星が多かったのですが、ここ10年は、民間企業がコンステレーション構築のために打ち上げる100kg程度の小型衛星のプレゼンスが大きくなってきています。

　本書でご紹介する衛星の名前や役割を覚えていただいて、ニュースなどで活躍を目にした際には応援していただけると嬉しいです！

【JAXA関連の地球観測衛星の例】

陸域観測技術衛星2号「だいち2号」（ALOS-2）

【2014年5月打上げ、約2.1トン】
日本が強みを持つ広域（50km幅）・高分解能（3m）なLバンド合成開口レーダ（SAR）により、広域の被災状況の迅速な把握や地殻変動の検出、森林観測、海氷監視、インフラモニタ等に貢献しています。100m分解能で490km幅の広域海洋観測による船舶動向把握も可能です。

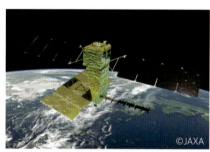

先進レーダ衛星「だいち4号」（ALOS-4）

【2024年7月打上げ、約3トン】
「だいち2号」の空間分解能（3m）を維持しつつ、観測幅を4倍（200km）に拡大した後継機。だいち2号の用途に加え、広い観測幅による観測の高頻度化により、火山活動、地盤沈下等の異変の早期発見など減災への取り組みに貢献。25m分解能 700km幅の広域海洋観による船舶動向把握も可能です。

温室効果ガス観測技術衛星2号「いぶき2号」（GOSAT-2）

【2018年10月打上げ、約1.8トン】
温室効果ガス観測技術衛星（GOSAT）「いぶき」による観測で実績を上げているCO_2、CH_4（メタン）の濃度算出及び吸収排出量推定の継続発展等を目指し、温暖化防止に向けた国際的な取り組みに貢献しています。
（JAXA、環境省、国立環境研究所の共同プロジェクト）

温室効果ガス・水循環観測技術衛星（GOSAT-GW）

【2025年度打上げ予定、約2.6トン】
日本が強みを持つ「しずく」のマイクロ波放射計ミッションを発展的に継続し、気象予報・漁業・船舶航行や水循環監視に貢献するとともに「いぶき2号」の温室効果ガス観測ミッションを発展的に継続します。
（温室効果ガスセンサ開発は環境省からの受託）

降水レーダ衛星（PMM）

【2028年度以降打上げ予定、約2.7トン】
日本が強みを持つ3次元の高精度降水観測が可能な降水レーダにドップラー計測機能を追加し、降水の分布・動きを立体的に観測し、気象予報や気候学の研究に貢献します。フランスが開発するマイクロ波放射計を搭載し、NASAの大気観測衛星とも連携する国際ミッションです。

EarthCARE/雲プロファイリングレーダ（CPR）

【2024年5月打上げ、約2.2トン】
日本が強みを持つレーダ技術を活かした、世界初となるドップラー計測機能を持つWバンド雲レーダ（CPR）により、雲の立体構造と内部の対流の様子を観測することで気候変動予測や気象予測の数値モデルにおける誤差の大幅な低減に貢献します。衛星本体や他の搭載センサは欧州宇宙機関（ESA）が開発した日欧共同ミッションです。

気候変動観測衛星「しきさい」（GCOM-C）

【2017年12月打上げ、約2トン】
19種類のさまざまな波長を用いた広域多波長観測（最大250m分解能、最大1400km幅）が可能な光学センサにより、地球上の雲、大気中のチリなどのエアロゾル、植生などの観測をすることで、地球環境変化の監視や温暖化予測の改善へ貢献します。

SAMRAI衛星

【2027年度打上げ予定、200kg級】
幅広い周波数のマイクロ波を高周波数分解能で同時観測可能な革新的な衛星搭載マイクロ波観測センサ「SAMRAI（超広帯域電波デジタル干渉計）」を搭載した小型の実証衛星です。自然由来電波や人工電波を観測し、気象防災、船舶検知等に貢献します。

【日本の民間地球観測衛星の例】

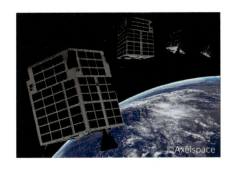

GRUS（アクセルスペース）
【2018年12月 初号機打上げ、約100kg】
2.5m分解能で観測が可能な小型光学観測衛星。コンステレーションによる全地球観測プラットフォーム「AxelGlobe」により、スマート農業、森林・環境モニタリング、報道、金融など幅広い産業での利用に貢献します。

CE-SAT（キヤノン電子）
【2017年6月 初号機打上げ、約65kg】
キヤノン電子が開発・製造・販売する超小型光学観測衛星。2024年2月には口径400mm望遠鏡と4500万画素のキヤノン製ミラーレスカメラEOS R5により、約80cmの分解能で観測が可能なCE-SAT-IE が打ち上げられ、地理空間情報収集や防災活動への貢献が期待されています。

StriX（Synspective）
【2020年12月実証初号機打上げ、100kg級】
Synspective の小型XバンドSAR衛星で1～3m分解能で、20km×50kmの広域での撮像が可能で、2024年11月には25cm級の高分解能撮像にも成功。コンステレーションを構築し、インフラ、資源、災害対策、安全保障などの地球規模の解決に貢献します。

QPS-SAR（QPS研究所）
【2019年12月初号機打上げ、100kg台】
QPS研究所の小型XバンドSAR衛星で、2023年7月には40cm級で7km×7kmのピンポイントの高分解能撮像に成功。最終的には36機によるコンステレーションを構築し、人口が密集する中緯度帯における任意の地点を平均10分間隔で観測できるサービスを目指しています。

【日本の公共地球観測衛星の例】

静止気象衛星「ひまわり10号」（気象庁）

【2028年度打上げ予定、約2.4トン（燃料充填前）】
気象庁が開発・運用中の「ひまわり8号、9号」の後継機で、静止軌道から日本周辺の雲や大気の様子を常時最大500m分解能で監視。大気中の3次元情報を得られる「赤外サウンダ」を初めて搭載し、雲の分布や地表面・海表面温度を計測するイメージャーの機能も向上させます。
※イラストは現在運用されている「ひまわり8号、9号」

【海外の公共地球観測衛星】

Landsat（NASA・USGS）

【2021年9月 Landsat-9打上げ、約2.7トン】
NASAが開発し、アメリカ地質調査所（USGS）が運用する光学イメージャ衛星。1972年から長期的に観測を継続しており、最新のLandsat-9は最大15m分解能、185km幅、熱赤外線を含む11波長で観測できます。

Sentinel-1（EU・ESA）

【2014年4月、1A衛星打上げ、約2.3トン】
EUとESAの地球観測プログラム「コペルニクス計画」によって開発されたCバンドSAR衛星。2機体制で運用され、5m分解能、80km幅のセンサで、同一地点を最大で6日に一回観測が可能です。

Sentinel-2（EU・ESA）

【2015年6月、2A衛星打上げ、約1.2トン】
EUとESAの地球観測プログラム「コペルニクス計画」によって開発された光学イメージャ衛星。2機体制で運用され、10m分解能、290km幅、13波長のセンサで、同一地点を最大で5日に一回観測が可能です。

【海外の民間地球観測衛星の例】

WorldView（米 Maxar Technologies）

【2024年5月 WorldView Legion 打上げ、750kg】
米国の Maxar Technologies が開発した商用衛星としては世界最高性能の分解能（30cm級）を有する光学イメージャ衛星シリーズです。大型の WorldView 3, 4 に加え、6機体制のコンステレーション WorldView Legion で高分解能、高頻度な光学観測を行います。

Pleiades（欧 Airbus）

【2021年4,8月 Pleiades Neo3,4 打上げ、1トン】
欧州の Airbus が開発した商用衛星としては世界最高性能の分解能（30cm）を有する光学イメージャ衛星シリーズです。2011,12年に打ち上げられた Pleiades 1A, 2A 衛星に加え、2機体制のコンステレーション Pleiades Neo で高分解能、高頻度な光学観測を行います。

Dove、SkySat（米 Planet Labs）

【2013年4月 Dove-1 打上げ、5kg】
米スタートアップの Planet Labs の 10 x 10 x 30cm（3U）、約6kgの超小型光学イメージャ衛星です。分解能約4mで観測が可能で、これまで百数十機のコンステレーションが構築されています。また、約100kgの光学イメージャ衛星 SkySat は 50㎝分解能での観測や動画撮影が可能です。

ICEYE-X（フィンランド ICEYE）

【2018年1月 ICEYE-X1 打上げ、約120kg】
フィンランドのスタートアップICEYEの小型Xバンド SAR 衛星で、50cm分解能（5 x 5km）から1m分解能（15 x 15km）、3m分解能（50 x 30km）、15m分解能（100 x 100km）などの多様な観測モードを有しています。

多様な観測データ

　ここまで地球観測衛星やその観測センサについてご紹介してきました。これらの衛星が、Googleマップなどで使われている衛星写真や、天気予報で見かける雲の写真など身近なデータ以外にもたくさんの情報を取得しています。これらがどんなことに役立つか、については3章で詳しくご紹介しますのでお楽しみに。ここではどんな情報が取得できるか、情報の種類だけざっくりご紹介しましょう。

　光学画像やSAR画像は、AIなどで画像に写っている情報を識別したり、2つの時期の写真を比較して変化を把握したりすることに用いられます。たとえば災害前後の比較で被害状況を把握できます。

　陸上では、さまざまな波長の光やさまざまな周波数のマイクロ波で地表の特性を観測し、土地被覆・土地利用図や森林域のマップなどを作成できます。時系列のデータをそろえることで、都市の変化、森林伐採の状況、農作物の栽培状況などを把握することが可能です。地図作成や土木・建築などで有効な、複数の方向から撮影した光学画像を組み合わせることによる3次元の地形情報や、干渉SARによる地盤変動情報なども把握できます。

衛星3次元地形情報 AW3D

海洋では、漁場探索などに有効な海面水温の他、海上に流出した石油などの広がり、火山の噴出物などの漂流物、船舶の位置、海上風速、海氷密接度、植物プランクトン濃度などを把握可能です。

　大気では、数値気象予報で活用されている水蒸気量の他、雲の状況、降水量、エアロゾル、温室効果ガスなどが把握可能です。複数の種類の衛星データや地上データを組み合わせた、世界のどこで雨が降っているかわかる衛星全球降水マップ（GSMaP）などの統合プロダクトも提供されています。

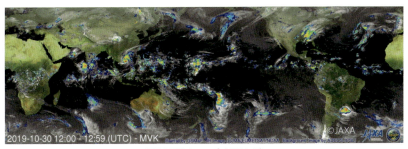

衛星全球降水マップ（GSMaP）

　観測データや推定する情報の精度を高めるためには、衛星観測データと観測対象の正解データを別途地上などで計測し、校正や検証をする必要があります。また、観測センサが取得した生データ（信号強度など）を上述のさまざまな情報に変換するためには、取得した信号と推定する情報の相関関係や物理関係に基づく変換アルゴリズムが必要で、多くの研究者が研究開発に取り組んでいます。衛星地球観測においては、衛星やセンサなどのハードウェアだけでなく、各センサ・データ・情報の専門家によるアルゴリズム・モデルの開発などの「データ利用技術」の研究開発が不可欠なのです。

69

衛星データを使うには？

ここまでご紹介してきた衛星データのアクセス方法についてご紹介しましょう。

【無償データ：主に分解能が高くない政府衛星の広域観測データ】

● **JAXAが無償公開しているデータ**

G-Portal（https://gportal.jaxa.jp/）でアクセス可能です。

その他、衛星全球降水マップ（GSMaP）を公開している「世界の雨分布速報」サイトやJAXAひまわりモニタなど用途ごとにデータにアクセスできるプラットフォームも複数準備されています。

さらに2025年1月にはスマホ、ウェブで誰でもJAXAが保有する複数の衛星のデータにアクセスできるJAXA Earth Dashboardが公開され、（https://earth.jaxa.jp/dashboard/）任意の場所・日時の各種データを見たり、簡単な統計値を表示したりすることが可能となりました。

さらに高度な処理を行いたい方は、API（Application Programming Interface）経由で、プログラミング環境（Python、JavaScript）上から簡単に利用できるようにするための衛星データ配信サービス「JAXA Earth API」も提供されています。

※なお、JAXAの有償データ（ALOS-2（広域観測モードデータを除く）、ALOS-4など）はJAXAが許諾している事業者を通して配布しています。

● EUの地球観測プログラム「Copernicus（コペルニクス）」のデータ

　Sentinel（センチネル）シリーズ（SAR、光学、大気観測など）のデータは、欧州以外の人も含めてオープン＆フリーで提供されており、色々なプラットフォームで利用可能です。以下の「EO Browser」でもアクセス可能です。

（https://apps.sentinel-hub.com/eo-browser/）

　EO Browser の操作方法は以下に解説があります。

（https://www.satnavi.jaxa.jp/ja/satellite-knowledge/data-site-list/index.html）

● NASA/USGS の Landsat シリーズのデータ

　以下のサイトの他、さまざまなプラットフォームでアクセス可能です。

（https://landsatlook.usgs.gov/）

【有償データ：主に空間分解能が高い民間の光学・SAR衛星】

　65P、67Pに示した民間衛星を保有する企業のウェブサイトや代理店経由で購入可能です。

【複数機関の衛星データにアクセスできるクラウド上のプラットフォーム】

　以下のようなプラットフォームで、上記の無償・有償データにクラウド上でアクセス可能です。地図上に重ねて表示し、サーバーの計算能力を利用して多様な解析を行うことができます。

・Google Earth Engine（GEE）（米 Google）

・Earth on AWS（米 AWS）

・Azure Space（米 Microsoft）

・Tellus（日 Tellus）

コラム　衛星地球観測の歴史

【衛星気象観測、地球観測の始まり】

　本コラムでは、衛星地球観測の歴史についてご紹介したいと思います。1957年、世界初の人工衛星スプートニク1号が打ち上げられてから3年後の1960年4月、低軌道を周回する世界初の気象衛星TIROS-1が米国NASAにより打ち上げられ、地球を観測す

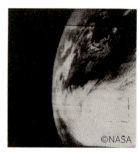

TIROS-1の最初の撮影画像

る衛星利用の幕が開きます。1963年には世界気象機関（WMO）によりWWW（World Weather Watch：世界気象監視計画）が立案され、全世界をカバーする気象衛星観測ネットワーク構想がスタートしました。この構想を受け各国で気象衛星の開発に着手。1974年には、世界初の静止気象衛星SMS1号が米国によって打ち上げられました。1980年代には、5機の静止気象衛星と2機の極軌道衛星により地球全体をカバーする国際観測網が確立されています。日本でも、1959年9月の伊勢湾台風を契機に、気象衛星による海上の雲の観測の必要性が認識され、1977年7月に、日本初の静止気象衛星「ひまわり」が打ち上げられました。現在は、「ひまわり9号」が運用中です。約50年前のことですから、私の父の世代が成人した頃は、天気予報でどこに台風がいるのかがわからなかったわけです。1972年には、世界初の地球観測衛星（気象衛星除く）として、NASAの「Landsat-1」（ランドサット1号）が打ち上げられ、現在運用中の9号まで、継続的に陸地の観測を続けています。

【日本の衛星地球観測の歴史】

　日本では、1979年1月からJAXAの前身である宇宙開発事業団（NASDA）が「Landsat-2」と「Landsat-3」のデータ受信を開始します。1987年には日本初の地球観測衛星（気象衛星を除く）である海洋観測衛星「もも1号」（MOS-1）を開発し打ち上げました。それ以降NASDAやJAXAがさまざまな地球観測衛星を開発・運用しています。

　1990年代、2000年代には、地球観測プラットフォーム技術衛星「みどり（ADEOS）」や環境観測技術衛星「みどりⅡ（ADEOS-Ⅱ）」の軌道上不具合による衛星喪失を経験しました。その経験を踏まえ、信頼性が高く故障に強い衛星開発のための技術獲得に向けた取り組みを進めつつ、主に公共・科学目的での利用が広がっていきました。2010年代には、衛星データ利用の社会実装に向けた取り組みを拡大し、3章でご紹介するような防災、国土管理などの分野での利用が定着していきます。現在開発・運用されているJAXAの主要な地球観測衛星は63P、64Pでご紹介した通りです。

海洋観測衛星「もも1号」（MOS-1）

【商業化に向けた多様なプレイヤーの参画】

1992年に米国で「陸域リモート・センシング政策法」が制定され、商業観測衛星の実現に向けた取り組みが活発化します。1999年9月には、米国スペースイメージングの世界初の商用高分解能地球観測衛星IKONOS-1が打ち上げられ、商業的な高分解能衛星画像（分解能1m）の提供が開始されました。2000年代にはGeoEye、DigitalGlobeが1mを切る高分解能の商用衛星画像の提供を開始し、安全保障分野やGoogleマップなどの衛星画像など民生分野でも活用されていきます（これらの企業は統合され、67Pに示す現Maxar Technologiesとなっています）。欧州でもAirbusが商用光学衛星画像の提供を開始しました。

2010年代中頃になると、スタートアップによる光学イメージャやSARを搭載した小型・超小型で低コストな衛星コンステレーションを活用したビジネスが広がっていきます。また、EUのCopernicusプログラムでSentinel衛星シリーズのデータがオープンアンドフリーで提供されるようになり、同様に無償提供されていたLandsatなどと合わせて、膨大な観測データがクラウド上で扱えるようになりました。これらのデータを他の地上データと組み合わせてビッグデータとして活用するためのデータプラットフォームビジネスや、データを活用したさまざまな分野でのソリューションビジネスの実現に向けた取り組みが広がり、多様なバックグラウンドの企業が衛星データビジネスに参入するようになりました。その様子は3章で詳しくご紹介したいと思います。

3章

宇宙から地球を見て何をする？

お待たせいたしました！ いよいよ本章では、衛星地球観測がどのように活用されているかご紹介します。農林水産業、運輸・物流、保険・金融、建築・土木などさまざまな分野でのビジネス利用や、気候変動や災害などの地球規模課題の解決のための利用などの事例を見ていきましょう。「自分の仕事でもこんな活用法がありえるかも」と考えてみていただけたら嬉しいです。

大きく広がる衛星地球観測の ビジネス利用

　政府機関が提供するオープンアンドフリーなデータや、スタートアップを中心とした民間企業の衛星コンステレーションによるデータなど、増加する衛星地球観測データを活用したさまざまな産業分野におけるソリューションビジネスが今後大きく成長すると期待されています。本項では大きく広がる衛星地球観測のビジネス利用についてご紹介します。

　地球観測衛星の数が増え、観測センサが多様化し、分解能などの性能が向上することで、質と量の両面で衛星地球観測データが豊富になってきています。データプラットフォームの整備も進み、ドローン、IoTなどのデータ取得技術やAIを活用した解析技術も急速に進化していて、企業は保有するビッグデータと衛星地球観測データを組み合わせることで、各々の分野で多彩な新サービスを生み出すことが可能になります。今後、観測衛星インフラの構築がさらに進み、データの価格は下がっていくでしょう。素材としての観測データをどのように調理し、付加価値のあるサービス（料理）として実現していくかがビジネスの競争領域になると考えられています。ダボス会議で有名な世界経済フォーラム（WEF）が2024年5月に発表したレポートによると、衛星地球観測データから得られる潜在的な付加価値はさまざまな利用分野にまたがっていて、2023年から2030年にかけて3.8兆ドル（約530兆円）に達する可能性があるとされています。

ロケットや月探査などの他の宇宙ビジネス分野と比較し、衛星地球観測ビジネスは農林水産業、建設業、運輸業、金融業、保険業、不動産業など地上の産業分野におけるサービス展開が対象となり、幅広い分野の企業がより参画しやすいビジネス領域です。

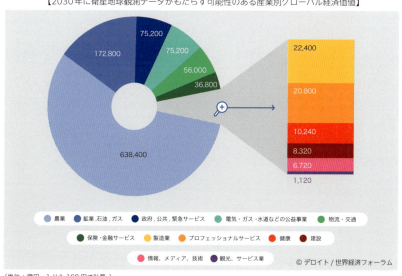

【2030年に衛星地球観測データがもたらす可能性のある産業別グローバル経済価値】

© デロイト／世界経済フォーラム

(単位：億円。1ドル160円で計算。)

衛星地球観測のビジネス利用分野

　どのような事業分野で衛星地球観測データを活用可能か、総務省の日本標準産業分類に基づいて整理したものを以下に示します。

【各産業分野（*）におけるDX × 衛星地球観測】　　（※）総務省 日本標準産業分類による　　黒字：利用事例のあるもの　赤字：将来の可能性

農業・林業	漁業	鉱業、採石業、砂利採取業	建設業
・スマート農業（栽培管理、収量推定、適地選定など） ・スマート林業（森林管理など）	・スマート漁業（漁場探索、定置網漁業効率化など）	・採掘活動監視 ・資源評価	・インフラ監視（異常箇所検出、地盤沈下など） ・建築・土木進捗監視
電気・ガス・熱供給・水道業	**情報通信業**	**運送業・郵便業**	**卸売業・小売業**
・再エネ発電量予測・管理 ・水力発電所管理 ・電力線・パイプライン監視 ・水道管漏洩監視	・電波塔の設置計画効率化 ・報道等での状況分析	・最適ルート探索 ・海運最適化 ・デジタルツイン上での自動運転のアルゴリズム学習	
不動産業・物品賃貸業	**学術研究、専門・技術サービス業**	**教育・学習支援業**	**宿泊業、飲食サービス業**
・土地の評価、変化監視 ・空き地活用	・報道 ・広告業での活用（需要把握等）	・教育での衛星データの活用	
医療・福祉	**複合サービス事業**	**サービス業（他に分類されないもの）**	**公務**
			・防災DX（予測、被害把握など） ・スマートシティ・国土管理 ・違法行為監視、統計情報把握
製造業	**金融業・保険業**	**生活関連サービス業、娯楽業**	**分類不能の産業**
	・リスク分析、支払把握効率化 　➡ 災害保険、農業保険など ・経済指標作成、資産評価など ・経済動向把握	・エンタメ、ゲーム、メタバース等での衛星データの活用	

　本書では、この中から、以下の産業分野における利用事例をご紹介したいと思います。

> 農業、林業、水産業、インフラ・土木、エネルギー、海運、金融、保険、不動産、報道、広告・マーケティング、エンタメ・教育・アート

衛星地球観測の強み

　以下のような衛星地球観測の強みを活かしたさまざまな利用が広がっています。次項からは各利用分野の主要事例を見ていきましょう。

① 観測領域：行けない場所の情報を取得できる。
- ・陸地の観測が届かない海洋
- ・遠隔地（山奥など）や危険な地域（被災地や紛争地など）
- ・自国や自社の領域以外
- ・地球全体（全球）

②「広範囲」に「高頻度」で「客観的」なデータを「周期的」に「すぐに」取得できる。

③ コスト：（対象が広い場合）単位面積あたりの取得コストが安い。
　　→観測面積が狭いドローンや地上センサとのすみ分け

④ アーカイブ：長期的に過去データが入手可能で、長期的な変化やトレンドを把握できる。

農業

　衛星が観測できる屋外の地表で行う農業は、衛星地球観測と相性の良い利用分野の1つです。地球観測衛星が取得する光学画像、SAR画像や、植生指数、たんぱく含有率、地表面温度、降水量、日射量、地形などの情報が、農地管理やスマート農業における営農支援などに活用されています。対象となる作物は、水稲、大豆、小麦などの穀物類、牧草、野菜や果実など多岐にわたります。農業分野での衛星地球観測の主要な利用例をご紹介しましょう。

（1）栽培適地の選定

　降水量、日射量、地表面温度、地形、土壌の腐植含量（肥沃度）などの情報をもとに作物の栽培に適している農地をマッピングします。

（2）耕作地・非耕作地・作付け状況などの把握（農地管理）

　衛星画像などから農地を識別して、農地の区画情報（筆ポリゴン）をマッピングします。また、農地を定期的に観測し、作付けや耕作の状況を把握します。行政による農地管理の他、雑草が多い圃場から草地更新するなど農家による農地管理でも活用されます。

（3）生育状況把握（栽培管理）

　作物の生育状況を把握します。たとえば、衛星画像での作物の色合いの違いから、育ち具合、たんぱく質の含有率、病害虫の発生箇所、水や肥料が多すぎるか少なすぎるかなどがわかります。スマート農業における水、肥料、農薬などの投入量やタイミングの効率化のために、栽培状況を面的に把握できる衛星地球観測が活用されています。

80　　3章 ●)) 宇宙から地球を見て何をする？

(4) 収穫時期や順序の最適化

　衛星画像で作物の育ち具合の差による色の違いなどを見ることで、農地ごとの作物の最適な収穫時期を識別します。どの農地をどの順番で回るか、複数の農家で共有するコンバインなどの収穫機械の効率的な利用計画の立案も可能になります。小麦の収穫では、最適なタイミングで収穫することにより、乾燥コストを大きく低減できます。

(5) 収量把握・収量予測

　衛星画像などから作物が作付けされている広い範囲の農地の面積を把握します。また、各農地の栽培状況や降水量・日射量などの情報をもとに、面積あたりの収穫量を過去の統計情報やモデルから推定・予測します。これらを掛け算することで、農地から産出される作物の収量を推定できます。このように作成された地域の収量統計情報が、民間企業による穀物などの先物取引や農業統計局の農業統計情報の把握などに活用されています。

　以上のような用途で、衛星地球観測を活用したさまざまな農産物や営農支援サービスが提供されています。宇宙開発利用大賞（内閣府主催）の農林水産大臣賞を獲得している3つの事例をご紹介しましょう。

青森県のブランド米「青天の霹靂」では、衛星画像から収穫時期を水田一枚ごとに予想する「収穫適期マップ」で適切な時期に収穫する他、食味の目安となるタンパク質含有率や土壌の肥沃度を衛星画像からマップ化し、そのデータを基に営農指導員が農家に生産指導を行うなど、衛星情報を高品質米の生産に役立てています。

　天地人、神明、笑農和の３社による「宇宙ビッグデータ米 宇宙と美水（そらとみず）」では、衛星の降水量、日射量、地表面温度のデータが、米づくりに最適な農地の選定に活用されています。

　また、国際航業のクラウド型の営農支援サービス「天晴れ（あっぱれ）」では、水稲・小麦・大豆・牧草などを対象とした生育状況診断に衛星情報を活用しています。

　衛星データを活用した美味しい農産物、ぜひ食べてみてください！

国際航業の「天晴れ」の衛星を活用した小麦穂水分率マップ

林業

　森林は遠隔地にあることが多く、現地確認に労力を要するため、現地に行かなくても広域を定期的に観測できる衛星地球観測が、森林管理や森林伐採検知などで役立っています。

　光学画像やSAR画像により、森林の位置をマッピングでき、高分解能な光学画像を使えば、樹木の本数や樹冠の幅、樹種などを判別できます。SARを使えば、森林の資源量（バイオマス）の推定も可能です。衛星搭載ライダーによる樹高の把握も期待されています。

　森林管理行政において、SAR画像などで無断伐採の可能性がある箇所を識別することで、効率的に伐採の調査ができるようになります（下図）。また、国際協力機構（JICA）とJAXAは、雲の多い地域でも観測可能なSARを搭載した「だいち2号」を活用した「JICA-JAXA熱帯林早期警戒システム（JJ-FAST）」をブラジルの違法伐採検知のために運用しています。衛星画像による竹害や松枯れの把握や、森林由来のカーボンクレジット作成（99P参照）などの新規利用も開拓されています。

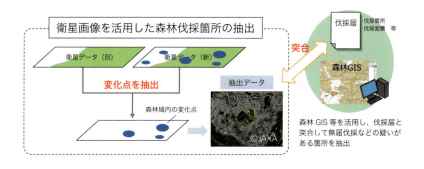

水産業

　陸上の観測手段が届かない海洋では、沿岸から遠くてもデータ取得できる衛星地球観測は唯一無二の情報源です。衛星による海面水温データを活用し、かつお、まぐろ、さんま、いかなどが集まる漁場を探索する漁場探索サービスを漁業情報サービスセンター（JAFIC）が提供しています（下図）。また、衛星の海況データとベテラン漁業者の操業情報をAIに学習させ、衛星海況データからベテラン漁師が行くであろう漁場を予測するサービスや、衛星による海況情報を海洋モデルにインプットし、巻き網や定置網業のための潮流予測サービスを提供する企業もあります。皆さんが何気なく食べているまぐろも、衛星の力を借りて捕まえられたものかもしれませんね。

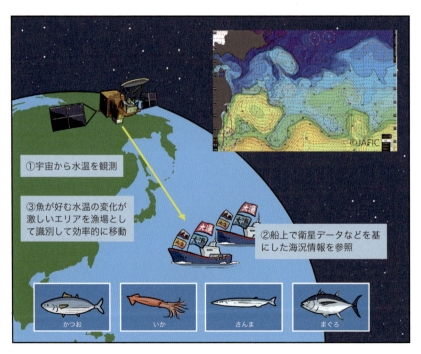

インフラ・土木

インフラの老朽化が進む中、点検業務の効率化が求められており、広域を定期的に調査できる衛星地球観測に注目が集まっています。

SAR衛星による地盤変動計測や、光学画像などを組み合わせたインフラ周辺の植生、土地被覆、土地利用などのモニタリングにより、河川堤防、港湾、空港、ダム、鉄道、送配電網、パイプラインなどのさまざまなインフラを効率的に監視できます。トンネル工事によって生じた地盤変動の状況把握に用いられた事例もあります。また、パイプラインのモニタリングでは、メタンガスの濃度を測定できる衛星を使って、メタンガスの漏洩箇所を検知するサービスもあります。

他にも、水道管の漏洩検知、地図の更新、建築・土木業務の環境アセスメントや進捗管理、無線通信の障害エリア把握・電波塔の最適配置などの計画策定などで衛星データが幅広く活用されています。

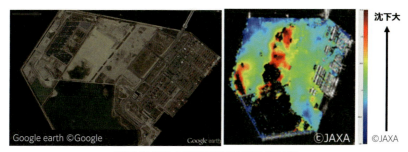

干渉SARを用いた空港の地盤変動の面的把握の例

エネルギー

　脱炭素社会の実現に向け、再生可能エネルギーの導入が加速する中、太陽光発電や洋上風力発電に衛星地球観測が貢献しています。

　衛星により取得した太陽光の照射量（日射量）や、海上風速の観測データが、発電所の設置場所の適地選定や、設置後の発電量の推定に活用されています。また、静止気象衛星「ひまわり」の雲画像を活用して、地表面の日射強度を推定するとともに、雲の状況から数分先から数時間先の日射量予測も行われています。太陽光発電の予測精度が上がることで、太陽光発電の埋め合わせに用いられる火力発電を効率的に運用できるようになります。衛星による発電可能量の推定値と、実際の発電量を比較することで太陽光発電施設の異常も検知できます。高分解能衛星画像から太陽電池を設置可能な場所を識別するサービスも提供されています。

　マイクロ波放射計やSARで海上風速を推定可能ですが、今後十分な観測頻度・精度を実現することで、太陽光の事例と同様に、洋上風力発電の発電量予測への貢献が期待されています。

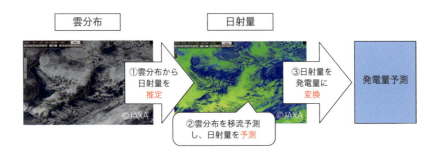

海運

　地球温暖化で北極海の海氷が減少し、北極海航路が使えるようになりました。たとえば日本とヨーロッパを結ぶ際、喜望峰経由に比べれば半分に、スエズ運河経由に比べると約6割に短縮できます。燃料費を大幅に削減でき、海賊に襲われる心配もありません。海氷を避けた適切なルートと正確な気象情報が海運会社にとって不可欠となり、衛星による海氷や気象データが活用されています。また、海上保安庁の海氷情報センターでは、SARによる海氷情報を活用したオホーツク海などの海氷速報を提供しています。

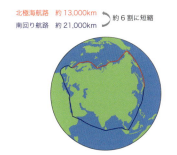

北極海航路（左）、SARによる流氷監視（右）

　政府が運用する「海洋状況表示システム（海しる）」では、衛星による海面水温、海上風速、降水量、クロロフィル濃度、海氷密接度などの情報が掲載され、船舶の運航支援などに活用されています。海面水温などの衛星データを海洋モデルにインプットし、潮流などを把握・予測するサービスもあり、海のカーナビのような船舶の効率航行のための情報として活用されています。船舶の識別番号、位置、速度、針路などが含まれ、船舶間で送受信されるAIS（船舶自動識別装置）情報を衛星で受信し、海上の船舶活動を把握するサービスもあります。

金融

　衛星データの質・量ともに大きく向上し、多くの情報が分析可能になってきたことで、金融分野での利用も大きく広がっています。機関投資家が投資判断をする際に使われるデータのうち、政府による一般的な公開情報ではない統計データ群のことを「オルタナティブデータ」といいますが、衛星地球観測により、港の車の台数（出荷数）、港湾などに保管されている鉄鉱石や石炭の量、原油タンクの備蓄量などさまざまなオルタナティブデータが取得され活用されています。原油タンクの屋根は原油の上に浮いているので、原油の量によって屋根の高さが変わります。衛星で上から観察すると、壁面の影の大きさから浮き屋根の高さがわかり、原油タンクの備蓄量がわかります。

　また、衛星で観測した夜間光のデータを用いて、経済統計が十分に整備されていない、あるいは公表されていない発展途上地域の経済規模を推定し経済指標として活用する試みや、世界の農産物の作況見通しを衛星で推定し、先物取引で活用する取り組みもあります。

衛星夜間光データ

　途上国などにおいて、農家が適正に融資を受けられるよう零細農家を支援するマイクロファイナンスにおいて、衛星による栽培実績などの情報を融資の際の信用情報として活用する試みも進められています。

保険

　衛星地球観測データは、自然災害による被害を補償する損害保険の保険料率の算定や、保険料支払いの迅速化などで活用されています。

　洪水などの大規模災害が発生した際に、災害現場に行くことなく迅速に被害状況を把握して保険金を支払うために、衛星地球観測で把握した被害情報が活用されています。

　また、衛星で把握した被害情報と、被災者からの保険会社への連絡状況を重ねることで、被害が発生していると推定されるものの、契約者から連絡のない物件を識別し、保険会社から請求勧奨を行う取り組みが進められています。被害にあった際に少しでも早く保険金の支払い対応が行われるのは大変ありがたいサービスですよね。

　保険の対象となるさまざまなリスクの発生を、衛星地球観測で取得した統計データから評価し、新しい保険を開発する取り組みも進められています。鉱山開発事業などにおける降雨による工期遅延のリスクや、養殖事業における赤潮発生に伴う被害のリスクに対する保険が挙げられます。衛星による降雨情報や、赤潮の発生状況に関するデータが役立っているんです。

　農業における天候リスクに対しては、衛星による降水観測データなどを用いた農家向けの「天候インデックス保険」が提供されています。途上国などでは、地上の観測網が十分に整備・保守されておらず、統計的な気象観測データが揃っていないため、衛星の観測データが料率の設定や保険金の支払いの判断のための重要な情報源として活用されています。

不動産

　土地の状況を定期的に監視でき、長期間のアーカイブのある衛星地球観測は、不動産分野でも活用されています。

　さまざまな衛星地球観測データを他の地理空間情報と組み合わせることで、土地の持つ価値やリスクの評価が可能です。土地の価値としては、降水量、日射量、地表面温度、土壌の状態などを気温など他のデータと組み合わせることで農地としてのポテンシャルを評価できますし、リスクとしては、過去の災害発生状況や気候変動モデルなどから将来の影響を織り込んだ災害リスクを評価することが可能です。

　不動産の営業や取引の効率化でも活用されています。たとえば、駐車場として活用可能な土地を衛星画像から識別することで、駐車場開拓における営業活動の効率化が期待できます。

　また、高齢化などによる耕作放棄地を衛星で識別し、農地を売るもしくは貸したい農地所有者と農地を買うもしくは借りたい農家や企業とのマッチングを促進する試みも進められています（下図）。

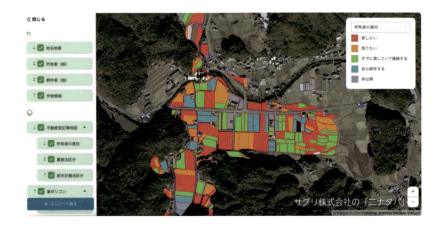

報道

　報道分野での衛星地球観測データの活用も広がっています。人が立ち入ることが困難な紛争地域や災害の被災地域の情報把握・分析・ファクトチェックなどのために、報道機関自ら衛星データを入手・解析に用いるケースも増えてきています。報道機関向けの高分解能衛星画像のサブスクリプションサービスも始まっていて、一枚一枚高価な衛星画像を購入する必要があった時代に比べて、報道での利用がしやすくなっています。

　特に、ロシアのウクライナ侵攻やイスラエル・ガザ紛争においては、情報が限られる中、衛星画像による状況監視は報道にとって重要な情報源となりました。衛星の夜間光画像でウクライナやガザの経済状況の変化を評価する報道機関もありました。

　災害や事故の発生時の状況を報道する際にも、広域の被害状況を遠隔地から迅速に観測できる衛星地球観測が活用されています。能登半島地震、トンガの火山災害、オイルタンカーの原油流出事故などの報道で衛星画像が活用されています。2021年3月に、エジプトのスエズ運河でコンテナ船「エバーギブン」の座礁事故が発生し、物流への深刻な影響があった際には、スエズ運河が渋滞する様子が衛星画像を使って報道されました。

　砂漠化や森林破壊、北極海の氷の縮小や、熱波の到来など、気候変動の影響や地球環境問題などを、ビジュアルでわかりやすく報道する際にも衛星地球観測データが活用されており、これらの情報を報道でご覧になった方も多いのではないかと思います。

91

広告・マーケティング

　広告業は一見、衛星地球観測とは縁遠い産業に見えますよね。でも衛星地球観測データが活用されている事例があるんです！

　JAXA、電通、JA嬬恋村の三者は、広告の高度化を通じた需要創出と需給最適化の実現、価格や生産者の収入の安定化、農作物の廃棄ロス低減などに貢献することを目指し、キャベツの生育状況を衛星で観測し、収穫時期や供給量を正確に予測する解析手法を検討しています。キャベツがたくさん取れそうだと予測できれば、予測情報をもとにキャベツを使う料理に必要な調味料の広告を多めに打つなど販促に力を入れることで、需給のマッチングがはかれるという狙いですね。

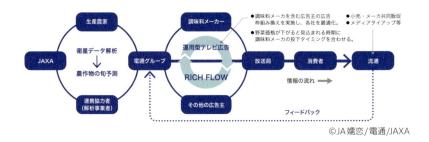

©JA嬬恋/電通/JAXA

　その他、マーケティングでは、衛星データで商品が売れそうな場所を識別、たとえば、太陽光パネルを設置可能な屋根のある家をマッピングし、営業活動で活用するなどの取り組みも進められています。

エンタメ・教育・アート

　衛星地球観測で取得したデータは、エンタテインメント、教育、アートなどの分野でも活用されています。

　エンタメ分野では、三次元地形データなどの観測データが、ゲームやVRのコンテンツとして活用されています。たとえば、2017年に、グリーがJAXAと提携し、宇宙に飛び出て地球儀を動かすように３次元降水データなどを眺められるVR体験「世界一の雨降り体験VR」を制作しています。

　教育分野では、衛星データを教科書で活用する事例や、教育現場・教育イベントで活用する事例が増えてきています。たとえば、2020年に、ネスレ日本とJAXAは、地球観測衛星データを活用した親子で楽しく地球環境について学べるバーチャル科学館を開設する共同エコプロジェクト「#NescafeOurPlanet」を実施しました。これらの教育活用事例の詳細はJAXAの衛星地球観測に関する教材サイト*でご確認いただけます。

　アート分野では、プリントオンデマンドプラットフォームSUZURIで、好きな場所の衛星画像をTシャツやスマホケースに自由にプリントして購入できるサービス「WEAR YOU ARE」が提供されています。スカパーJSATは、衛星画像に写る海や山の色を抽出した「海のクレヨン」「山のクレヨン」を販売しています。さらに、現代美術界において著名な写真家のひとりであるアンドレアス・グルスキー（1955〜／ドイツ）が、NASAのLandsatが撮影した画像をデジタルで再構成した「Ocean」という作品群を作成するなど、アーティストが衛星画像を活用して作品制作する事例もあります。

---

* https://www.satnavi.jaxa.jp/ja/contact/education/

安心安全で持続可能な暮らしを支える衛星地球観測

　気候変動や激甚化する災害、緊張感を増す安全保障環境など、私たちの暮らしを脅かす各種リスクが増加し、地球規模で情報を把握できる衛星地球観測の重要性が高まっています。本項では、皆さんの安心安全で持続可能な暮らしを支えている衛星地球観測の貢献を見ていきましょう。

　衛星地球観測は、前項で見てきたようにさまざまなビジネスで活用されているだけでなく、私たちが「安心安全で持続可能な暮らし」をしていくうえで不可欠な情報を提供しています。温暖化の原因となる温室効果ガスの濃度や、温暖化の結果として起きる土地被覆、海氷面積、気象現象などの変化を地球規模で継続的に監視ができ、気候変動の影響評価や将来予測をするうえで不可欠なツールとなっています。また、激甚化する風水害の予測精度の向上や、いつ発生してもおかしくないと言われている南海トラフ地震や首都直下地震などの大規模災害が発生した際の迅速な被害の全容把握など、災害対策でも衛星地球観測の情報は欠かせません。さらに、地域の安全保障環境が緊迫化する中、諸外国の動向や海洋の状況を迅速に把握できる衛星地球観測の重要性が今まで以上に高まっています。

94　3章 ●)) 宇宙から地球を見て何をする？

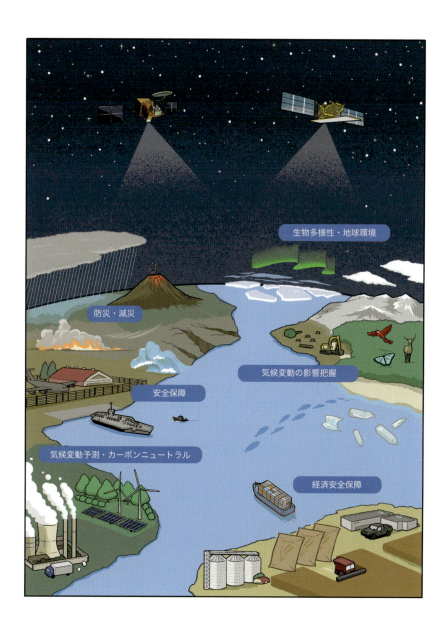

防災

　地震や洪水などの災害が発生した際には、対応検討の前提となる広域の被害情報を迅速に把握する必要があります。雲があっても夜間でも観測できるSAR画像や、詳細観測できる光学イメージャによる高分解能画像などにより、被害を受けた建物、洪水や津波の浸水域、不通となった道路などの情報を広域にわたって迅速に把握できます。これにより、航空機やドローンによる詳細把握を重点的に行う地域や重点的に支援すべき自治体などの識別ができます。また、排水ポンプ車などの対策設備の派遣場所や台数の検討などを効果的、効率的に実施することが可能となります。

　地震や降水などによって土砂崩れが発生した際には、川がせき止められて「土砂ダム」が形成され、災害対策中に決壊することで、下流で二次災害が発生する可能性があります。衛星地球観測により被災後に土砂ダムの有無を確認することで、安心して災害対策を行うことが可能となります。

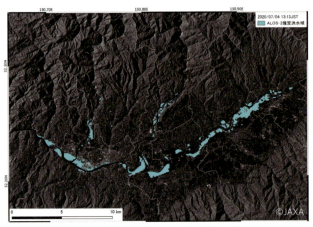

JAXAの「だいち2号」による浸水域推定の例

衛星による被害情報を用いて、自治体などが被害認定のための現地調査を効率よく実施し、罹災証明の迅速な発行に繋げることで、被災者支援を早期に実現できます。南海トラフ地震など被災地域が超広域にわたると想定されている大規模災害に備え、広域を観測できる大型衛星と特定領域を高頻度に観測できる小型衛星コンステレーションを組み合わせた被災状況把握システムの実現が期待されています。

　また、衛星地球観測は、災害発生直後の被害把握だけでなく、災害対策のさまざまなフェーズで活用されています。防災計画の立案には、衛星の地形データなどを用いた災害リスクマップが活用されていますし、膨大な衛星データを活用した気象予報モデルにより台風や線状降水帯の予測が行われています。干渉SARで火山周辺の地盤変動を継続的に捉えることで、噴火の前の山体膨張を把握し、火山噴火の予兆把握ができます（水蒸気爆発は除く）。

　また、干渉SARで地震後の地盤変動を捉えることで、国土の再測量を効率的に実施することが可能となります。

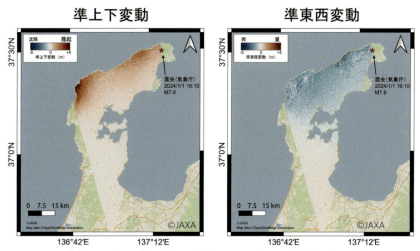

JAXAの「だいち2号」の干渉SARデータを解析した2024年1月の能登半島地震後の地盤変動量

気候変動対策・カーボンニュートラル

　地球温暖化をはじめとする気候変動の状況を把握するためには、多様な環境要因を「地球全体の規模で」「面的に」「定期的に」観測できる唯一の手段である衛星地球観測が不可欠です。気候変動に伴う地球環境の変化を把握・予測するための必須気候変数（Essential Climate Variables; ECV）という大気・陸・海洋の変数（降水量、エアロゾル、水蒸気、二酸化炭素、メタン、土地被覆、地表面温度、土壌水分、氷河、海氷、海面水温、海色など）が国際的に決められていて、世界中の衛星が継続的に観測を続けています。これら必須気候変数に関連する衛星地球観測データは世界中の科学者に共有され、地球科学や気候変動科学の発展に不可欠な役割を果たしています。

　たとえば、日本の「いぶき」などの衛星が、地球全体の大気中の二酸化炭素やメタンなどの温室効果ガスの濃度を継続的に観測しており、観測データは地球温暖化のエビデンスとして活用されています（58、59P参照）。最新の観測では、人為的な温室効果ガスの発生の場合にのみ多く放出される二酸化窒素（NO_2）の濃度も同時に計測することで、温室効果ガスを多く排出する人為的排出源をマッピングする取り組みも進められています。

　小型衛星は大型衛星に比べ検出精度が低くなってしまうのですが、パイプラインのメタンガス漏洩箇所はメタンの濃度が非常に高いため、小型衛星の精度でも検出が可能で、小型衛星コンステレーションによる高頻度なメタンガス漏洩監視サービスが提供されています。

　大気中の温室効果ガスは森林や海洋ともやり取りしています。森林バイオマスや海面水温などを衛星で高精度に計測することで、これらの吸排出量を推定でき、気候変動の予測精度の向上に貢献できます。

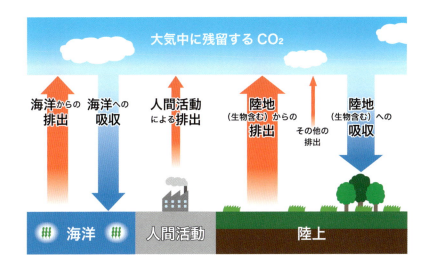

　さらに、温室効果ガスの排出削減量を主に企業間で売買可能にする仕組みである「カーボンクレジット」においても、衛星地球観測の活用が期待されています。二酸化炭素の排出削減や吸収につながる森林の再生、メタンガスの排出を減らせる水稲栽培における生育途中に水田から水を抜く間断灌漑や中干しの導入の状況を衛星から観測し、これらの方法に基づくカーボンクレジットの作成や、第三者機関による検証で活用するものです。カーボンクレジットの導入においては、信頼性や透明性が大きな課題となっています。特に、民間主導のボランタリークレジットの中には架空のカーボンクレジットを実在するかのように販売する詐欺的手法も混じっており、衛星地球観測のように客観的に効果を測定できる手法への期待が高まっています。

気候変動の影響把握

　気候変動の影響としての地球環境の変化を把握するうえでも衛星地球観測は重要です。たとえば、温暖化に伴う気温上昇により、北極海の海氷面積が徐々に小さくなっていますが、JAXAの「しずく」衛星の観測により、2012年には観測史上最も小さくなっていることがわかっています。

1980年　　　　　　　　　2012年

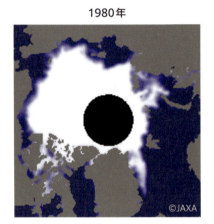 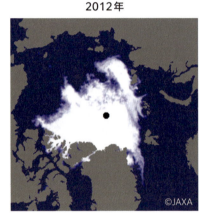

地球観測衛星による北極海の海氷面積（各年9月）の観測
（黒丸は観測できていない領域）

　また、地球温暖化にともない偏西風がゆっくりとした風に変化し、太平洋を流れる黒潮（日本海流）が蛇行するようになり、三陸沖の海面水温が高くなっていることが衛星による海面水温データで確認されています。同地域でのさけ、さんま、いかなどの漁獲量が減っている一方で、沖縄など南西諸島で見られるカラフルな魚が定置網にかかるなどの異変が生じているそうです。

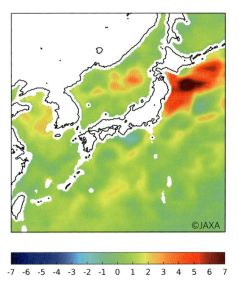

「しずく」で観測した海面水温の平年との差（2024年5月）（℃）

　地球の温暖化が進むと地球上の水循環が活発になり、集中豪雨や洪水、干ばつといった異常気象が頻発化します。日本が強みを持つ地球全体の水循環（降水量、水蒸気量、土壌水分など）の衛星観測によって、気候変動のさまざまな影響が解明されています。地球全体の多種多様な情報を把握することで、たとえば、ある海域で海流が弱まることにより、温かい海水が運ばれず水蒸気の蒸発が減り、雲や降水が減り、干ばつが発生する、といった遠く離れた場所が相互に影響しあう関連性がわかります。エルニーニョやラニーニャという、南米ペルー沖の水温が高かったり、低かったりする現象が世界中の異常な天候につながる話は聞いた事があるのではないでしょうか？
　地球の気候を理解するためには、地球全体を長期間観測し続けなければなりません。衛星地球観測は、地球を理解するために不可欠な記録を、未来の世代に対して遺していく大切な活動なのです。

生物多様性・地球環境

　人間の活動が地球環境に影響を与えた結果、世界中で生物の多様性が喪失しており、大きな課題となっています。生物多様性の保全には、植生図や土地利用・土地被覆図などの生物多様性を反映した地図の作成や、生物多様性に影響を与える人間活動のモニタリングが重要で、衛星地球観測が活用されています。企業に対して、「自社がどのくらいの生物多様性を喪失させたか」「保全・再生にどのくらい貢献しているか」といった情報の開示、目標設定、報告などを求める「TNFD」（自然関連財務情報開示タスクフォース）という国際的な取り組みが広がりつつありますが、開示する情報を取得するために衛星地球観測の活用が期待されています。

　また、水資源の過剰利用も大きな課題です。カザフスタンとウズベキスタンにまたがるアラル海では、農業用の灌漑用水の過剰利用が主な原因で、かつて世界4位だった面積が今ではかつての10分の1の面積となった様子が衛星画像で捉えられています。

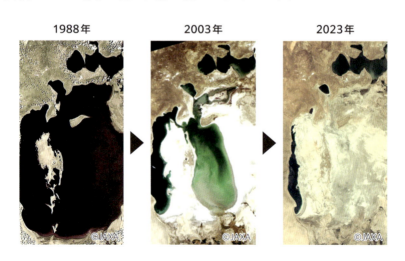

ブラジルのアマゾンで熱帯林が急速に減少している状況も衛星地球観測で捉えられています。原生林を伐採してアマゾン横断道路が建設され、農地を拓くために伐採が繰り返され、農地としての栄養分が少なくなった土地は野焼きして牧場として開発され、広大な面積の森林が失われました。

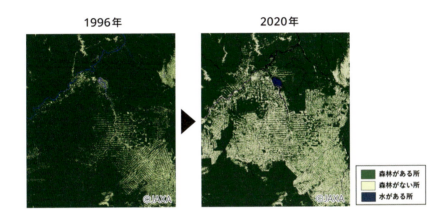

　他にも、海洋の生態系に大きな影響を与える、オイルタンカーの事故などによる海上の油流出の状況も衛星地球観測で把握可能です。
　衛星による環境破壊の把握が、対策のための国際条約の締結と環境の回復につながった事例もあります。衛星観測による「オゾンホール」の発見の後、オゾン層破壊の原因となる特定フロン類の生産・消費量を国際的に規制する「モントリオール議定書」が採択された結果、その使用量が激減し、オゾン層の回復が進んでいます。
　生物の多様性や地球環境を守るため、衛星地球観測による地球の健康診断を継続的に行うことが重要なのです。

地球全体の衛星地球観測に関する国際協力

　地球全体のさまざまなセンサによる衛星地球観測（全球観測と言います）を継続していくためには、国際協力が不可欠です。2005年に設立された「地球観測に関する政府間会合（Group on Earth Observations（GEO））」は、世界各国の多彩な観測システムや情報システムを統合した「全球地球観測システム（GEOSS）」の構築を推進している政府間の組織です。世界各国におけるさまざまな利用分野での政策決定などに貢献するため、観測データや解析結果・予測結果の共有などの国際協力が進められています。また、各国の宇宙機関や国際機関が参加する地球観測衛星委員会（Committee on Earth Observation Satellites（CEOS））では、共通的なデータフォーマットの策定などの国際協力が進められています。

　また、地球観測衛星に関する二国間、多国間の国際協力も数多く進められており、JAXA-NASAの全球降水観測計画（GPM）、JAXA-NASAやフランス、イタリア、カナダの宇宙機関が参加する大気観測ミッション（AOS）、JAXA-ESAの雲エアロゾル放射ミッションEarthCAREや、NOAA-EUMETSAT（欧州気象衛星開発機構）-気象庁の気象衛星に関する国際協力などがあります。

　また、データ利用の分野でもNASA、ESA、JAXAが協力し、地球観測衛星データのアクセス性を改善すること、地球規模の課題である環境変化や気候変動、それによって引き起こされる社会・経済への影響を広く理解するための情報を「Earth Observing Dashboard」で公開するなど、さまざまな取り組みが進められています。

発展途上国の開発援助

　地上観測網の整備が先進国に比べて不十分な発展途上国においては、宇宙から観測情報を取得できる衛星地球観測が重要なツールとなります。1章のコラムでご紹介したとおり、私はアジア開発銀行（ADB）で4年間、途上国開発援助における衛星データの利用推進を担当していましたので大変思い入れのある利用分野です。国際協力機構（JICA）や、世界銀行、国連関連の国際機関と、宇宙機関、民間企業、大学などが連携し、途上国の開発援助の現場での衛星地球観測の利用が進められています。

　たとえば、JICAとJAXAが協力し、衛星SARを活用して森林伐採を準リアルタイムに識別して違法伐採の取締りに役立てる「熱帯林早期警戒システム（JJ-FAST）事業をブラジルで進めています。また、国土交通省はJAXAなどと連携し、2025年度からインドネシア、タイ、カンボジア、ベトナムを対象に、衛星全球降水マップ（GSMaP）を活用した洪水シミュレーションを現地の防災に役立てるための「水害リスクマップ」を提供予定です。

　政策を策定するうえで必要な各種統計データの不足も途上国の大きな課題です。地域の途上国も参加するアジア・太平洋地域宇宙機関会議（APRSAF）において、衛星地球観測を用いて推定した農地や作付けの面積、収量などの統計情報が、ASEAN各国の農業統計局などで活用されています。防災分野でも、APRSAFにおいて、災害管理に関する国際協力イニシアチブ「センチネルアジア」が推進されています。災害発生時には、地域の宇宙機関などが取得した衛星画像や被害情報の解析結果などが無償で共有され、途上国を含む地域の災害対策で活用されています。

安全保障

　安全保障分野では、光学・SAR衛星や電波収集衛星などが軍事施設や船舶の情報収集などに活用されています。近年では、政府の安全保障専用衛星に加えて、安全保障用途と民生用途の両方に活用する「デュアルユース」の商用衛星の利用が進んでいます。

　2022年のロシアのウクライナ侵攻では、米国がウクライナ政府に提供した商用の光学・SAR衛星が、空軍基地にある地上攻撃機、進行中の車両群、河川に架けた浮橋などの把握や攻撃後のアセスメントなどに幅広く活用されました。戦力で圧倒的に劣ると見られていたウクライナ軍が、ロシア軍を苦しめた要因の一つとされています。また、ロシア軍による住民虐殺が報道された際には、商用衛星画像がロシア側の主張が欺瞞である証拠とされました。世論の誘導や敵対勢力の撹乱を狙う認知戦・情報戦において、商用衛星がもたらす客観的で公開可能な情報の重要性が高まっています。海洋安全保障の確保のために、広範囲を観測できる衛星地球観測を活用した船舶の動向情報が活用されています。衛星により受信した船舶のAIS情報とSAR衛星や電波収集衛星などで把握した船舶位置の情報を比較することで、AISを出していない艦船が特定できるんです。

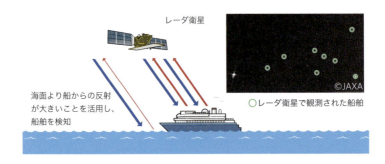
〇レーダ衛星で観測された船舶

経済安全保障

　国の経済活動や産業が安定して続けられるようにするために、食料、エネルギー、技術などを確保し、守るための「経済安全保障」の取り組みにおいても衛星地球観測が活用されています。

　海外の経済動向の把握には、衛星画像や夜間光データなどによる工場、港湾などの稼働状況、車の台数、船舶動向などの情報が有効です。2020年の新型コロナウイルス感染症（COVID-19）拡大により、自動車メーカの工場で生産調整が行われて港での輸出入が減少したことにより、洋上で自動車の搭載まで時間調整しているなど、洋上で自動車運搬船が滞留している様子が衛星によるAIS観測によって確認されています。

　また、JAXAが開発し、現在は農林水産省が運用している農業気象情報衛星モニタリングシステム（JASMAI）による海外の主要穀物生産地帯の各種情報が、農林水産省

©農林水産省

による食料安全保障の確保に向けた各地の生産状況の分析のために各種情報と併せて活用されています。

　さらに、本章で紹介した日本の衛星地球観測を活用したさまざまなソリューションが、諸外国で不可欠なインフラ・ツールとして活用されるようになれば、当該国の日本に対する経済的威圧への抑止力となりえます。こうした形で、経済安全保障の確保に貢献も可能です。

新しい活用方法を考えよう

　ここまで衛星地球観測のさまざまな活用方法についてご紹介してきました。衛星地球観測データの質・量ともに格段に向上する中で、これまで難しかった新しい利用の可能性が大きく広がっています。本項では、衛星地球観測の新しい活用方法を考えていくためのアプローチについてご紹介しますので、ぜひ皆さんが関心のある分野で、新しい活用方法を考えてみてください！

新しい活用方法の考え方

　本書でここまでご紹介してきたように、防災、気候変動、農林水産業といった分野ごとに利用例を整理するのではなく、分野横断的な視点で利用方法の考え方を分類することができます。本分類に基づく各タイプの利用方法の考え方をさまざまな分野に適用することで、新しい利用方法を見つけることができるかもしれません。

　読者の皆さんが関心のある分野を対象に、ぜひ新しい利用方法を探してみてください。

- スマート活動タイプ
- 統計・予測タイプ
- 計画最適化タイプ
- 監視・モニタタイプ
- 被害軽減タイプ
- 保険タイプ
- 価値可視化タイプ

「スマート活動タイプ」は、衛星情報によって、さまざまな活動を効率的・効果的に実施するタイプです。衛星情報を活用したスマート農林水産業、インフラ監視の効率化、太陽光発電運用の最適化、船舶航行ルートの最適化などです。「統計・予測タイプ」は衛星情報で他社より先に、もしくは独自に、農業統計、石油備蓄量、経済動向などの情報を取得し、各種取引などで競争力を強化するタイプです。「計画最適化タイプ」は、衛星情報により、どこで、いつ、どのような活動をするか、活動計画を最適化するタイプです。太陽光や風力の情報に基づく再エネ発電所の設置計画、土地被覆・土地利用情報に基づく都市計画、降水量や土壌水分量などに基づく水資源や河川管理計画、栽培適地情報に基づく農地・森林管理計画、気候変動予測に基づくインフラ整備計画などの最適化があります。「監視・モニタタイプ」は、対象が問題ないか、問題が起きた場合にどのような状況になっているかを衛星でモニタリングするタイプです。安全保障のための情報収集や、違法船、違法伐採、パイプラインのガス漏れ、地盤沈下、鉱山や工事の進捗、生物多様性や地球環境などの監視があります。「被害軽減タイプ」は、衛星による自然災害などに関する備えや被害状況の把握。「保険タイプ」は、農業保険や損害保険などで衛星によりリスクを識別し、被害推定をするタイプ。「価値可視化タイプ」は土地や農産物などが持つ価値を衛星により可視化するタイプです。不動産価値、観光資源、カーボンクレジット、自然資本、住みやすさなどさまざまな価値が衛星で指標化できるでしょう。

　どのような情報を衛星で取得して、他の情報や手段と組み合わせてどのように活用するか。皆さんの新しいアイデアを期待しています！

新しいアイデアを提案してみよう！

　衛星地球観測利用の新しいアイデアを思い付いたら、周囲に提案してみましょう。JAXAは2024年の夏休み期間中に、小学生から大人までを対象に、衛星画像を使った自由研究を募集しました。参加者には研究員の認定証と記念品が贈呈され、優秀作品はJAXAのウェブサイトに掲載されています。今後の実施は未定ですが、WebやSNSで最新情報をチェックしてみてください。

　衛星地球観測を活用したビジネスのアイデアは、「宇宙ビジネス」のアイデアコンテストに応募してみるのもよいでしょう。2017年から内閣府が主催する「S-Booster」は、事業化を目指す人々を対象とした宇宙ビジネスアイデアコンテストです。最優秀賞の賞金は1000万円で、優れたアイデアは、専門家によるメンタリング（経営面での助言など）を通じて、事業化の支援を受けられます。毎年5月～7月頃に募集が行われ、選抜やメンタリングが行われた後、年度の後半に選抜者が公開で投資家や事業会社の前でプレゼンを行う最終選抜会が都内で開催されています。

　衛星地球観測を活用したビジネスアイデアもこれまで多数応募されています。第一回で最優秀賞を受賞したのは、衛星利用を専門としない全日空の運航管理者の方が提案した、衛星ドップラーライダーで上空の風のデータを取得し、航空機の飛行経路を最適化して、使用燃料量やCO_2排出量を削減するというビジネスアイデアでした。

面白い利用アイデア

　最後に、ここまでで紹介しきれなかったユニークな衛星地球観測の利用事例をいくつかご紹介したいと思います。

　一つ目は「宇宙考古学」。衛星地球観測データで密林や砂漠の下に埋もれた古代の都市や遺跡を発見する学問です。衛星画像で遺跡の分布の特徴などを確認し、エジプトで未知のピラミッドを探すプロジェクトなどが行われてきました。遺跡がある場所では、植物の育ち方が周囲と違うので、その様子を衛星で見つけて遺跡を発見する手法もあります。遺跡は人がアクセスしにくいところにあるケースが多く、地上のみの調査であれば数十年かかっていたものを、衛星データの活用により短期間で調査することが可能です。

　また、衛星データプラットフォーム「Tellus」公式のメディアである「宙畑-sorabatake-」では、面白い衛星データ活用の可能性を探索しています。衛星画像から桜を識別して、花見会場は探せるかを識別したり、沿岸部の海の色を分析して最高のビーチを探索したり、衛星データでテニスコートの素材を分析したり、などなど。

　これらのように、一見関係なさそうな分野と衛星地球観測をかけ算してみたり、こんなことできないかな？と、身近なニーズを柔軟に発想したりすることで、すぐにはビジネスや学術利用などで役に立たないかもしれませんが、誰も思いついていないような面白い利用アイデアが生まれてくる可能性があると思います。衛星地球観測面白アイデアブレスト大会なんて開催してみたら楽しいかもしれませんね。

衛星地球観測コンソーシアム（CONSEO）

コラム

　衛星地球観測に関心を持つ日本の産学官の組織や有識者が集まり、衛星地球観測の利活用を推進するために2022年9月に設立されたのが「衛星地球観測コンソーシアム（CONSEO：コンセオ）」です。

　①衛星地球観測の戦略を議論し国へ提言すること、②衛星地球観測に関する産学官連携を推進すること、③衛星地球観測の価値を広く社会に発信すること（アウトリーチ）をミッションに、さまざまな取り組みを進めています。

　衛星開発メーカ、衛星データ解析事業者、研究機関、学会など衛星地球観測に専門性を持つ組織・有識者に加え、コンサル、商社、土木・建築、保険・金融関係など多くの分野の企業が参画し、2025年2月時点で、330を超える組織・有識者が会員となっています。

CONSEO会員企業の一覧（ロゴ掲載を承諾した組織のみ）　©CONSEO

衛星地球観測分野全体の将来利用像や利用推進方策を議論する分科会や、光学観測、SAR観測、マイクロ波放射観測などの個別の観測のあり方を議論するワーキンググループなどが設けられ、衛星地球観測に関する将来戦略の議論が進められています。2022年度には「提言 衛星地球観測の全体戦略に関する考え方」を取りまとめ、衛星地球観測を活用した「見通せる社会」の実現を目指すこと、2040年に２兆円規模の市場を目指すこと、そのために従来の取り組みの拡大に加えて、ジャンプアップのための民需の拡大、特にグローバル展開やデジタル・グリーンなどの成長分野との融合を推進することなどが掲げられました。

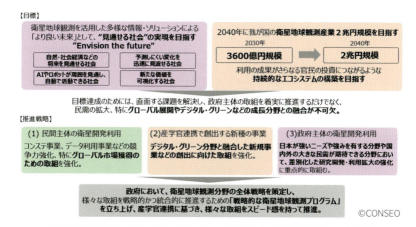

提言 衛星地球観測の全体戦略に関する考え方（2022年度）の概要

　2023年３月のH3ロケット試験機１号機打上げ失敗により、搭載していたJAXAの先進光学衛星「だいち３号」（ALOS-3）を喪失した際には、CONSEO光学・SAR観測WGにおいて、次期光学ミッションコンセプトについて検討し、文部科学省に提案しました。その結果は、その後の政府における次期光学ミッションに関する方向性であ

る「官民連携による光学観測事業構想」につながりました。また、2023年度に政府が、日本が開発を進めるべき技術のロードマップを含んだ「宇宙技術戦略」を策定した際には、CONSEOより衛星観測分野の技術戦略に関するインプットを行っています。

　衛星地球観測と多岐にわたる産業分野との連携を加速するための取り組みとしては、さまざまなトピックの勉強会を開催したり、Smart City Expoのような各分野の展示会にCONSEOとして出展し、衛星地球観測の有用性を訴求したり、カーボンクレジット、スマートシティ、防災DX、海洋DXなどの分野での衛星地球観測の利用例をわかりやすく紹介するCONSEOレポートを無償公開しています。本書で紹介しきれなかったより詳細な利用事例が紹介されていますので、興味のある方はぜひご覧ください。

　また、アウトリーチ活動としては、CONSEOのYouTubeチャンネルで、衛星地球観測の面白トピックを有識者が語る「CONSEOワクワクトーク」や、レクチャーである「CONSEOもくもくスクール」などのコンテンツを無償公開しています。私が出演しています「今さら聞けない!! 文系でもわかるリモートセンシングのキホン」は、本書の内容の一部をわかりやすく解説していますので、ご関心のある方はぜひご覧くださいませ。

　CONSEOへの会員登録は無料です。衛星地球観測のバラエティに富んだ情報に触れたり、会員同士のネットワーキングも可能です。ご興味のある方は、ぜひ所属される組織と調整のうえ、加入をご検討ください！

4章

宇宙から見る地球が「自分ゴト」になる？

ここまで、人工衛星で「宇宙から地球を見る」＝「衛星地球観測」の仕組みや利用方法についてご紹介してきました。少しは自分に関係ありそうな気がしてきましたでしょうか？「まだまだ関係なさそうだなぁ」、と感じてしまっている方々のため、本章では、「宇宙から見る地球」を皆さんの「自分ゴト」にしていただくための情報についてご紹介したいと思います！

衛星地球観測を仕事にする

　ここまで読み進めてきて、衛星地球観測に興味が湧いてきた皆さん！衛星地球観測に関わる仕事をしてみてはどうでしょうか？　学生の皆さんは将来の仕事として、既に仕事をされている方は、新規事業での活用や、転職先として衛星地球観測に関わることができます。本項では、衛星地球観測を仕事にするアプローチについてご紹介しましょう。

理系だけじゃない、衛星地球観測に関わる仕事

　衛星地球観測に関わる仕事というと、衛星を開発するエンジニアや、データを解析し利用するリモートセンシングの専門家・研究者など、理系の仕事、というイメージがあるかと思います。もちろんこうした仕事は重要ですが、3章でご紹介したように、衛星地球観測の利用はさまざまな分野に広がっていて、各分野で利用を進めるビジネスパーソン、行政官、人文科学系の研究者など、理系に限らないたくさんのバックグラウンドの方々が関わっています。理系の仕事としても、衛星技術や衛星データ処理といった宇宙関連だけでなく、機械、電気、コンピューターなどの技術やAIやビッグデータの解析技術など、宇宙とは関係ないスキルを持った人材も求められています。

衛星地球観測に関わる仕事

エンジニア

地球観測衛星を作ります。
地球観測衛星に関するセンサ、衛星システムなどの研究開発や製造・試験などに携わります。
宇宙工学、人工衛星の専門性だけでなく、機械、電気、ソフトウェアなどさまざまなエンジニアリングに関する専門性を持つエンジニアが求められています。

データサイエンティスト

観測データを様々な物理量に変換したり、解析して様々な情報を抽出、他のデータと組み合わせてデータソリューションを実現します。
上記に関する研究や、データソリューションのサービス開発などに携わります。リモートセンシング、地球科学、データサイエンス、AIなどの専門家が求められています。

ビジネスパーソン
行政官

衛星地球観測を様々な分野のビジネスや行政などで活用します。衛星地球観測を活用したソリューションの各分野での導入、導入のために必要な仕組みの整備等に携わります。
各分野の専門性のうえで、衛星地球観測の新規利用を開拓するユーザーが求められています。

研究者

衛星地球観測を地球科学、気候変動科学や人文社会学など様々な分野の研究に活用します。
観測データを他のデータやモデル等と組み合わせて、新しい知見やソリューションを生み出します。
各分野の専門性のうえで、衛星地球観測の新規利用を開拓する研究者が求められています。

　これらの仕事に加え、衛星地球観測に関わるスタートアップなどに投資をする投資家、契約などの法務を担当する弁護士、国際連携や産学官連携のエキスパートなどさまざまな仕事が関わります。

　3章でご紹介したように、衛星地球観測の利用分野は広がっており、さまざまな分野の仕事で関連する機会は広がっていくでしょう。今所属している企業の中で衛星地球観測を活用した新規事業を始められないか検討する場合には、CONSEOに入会して勉強会などに参加したり、関連イベントに参加したりして情報収集することから始めるのがよいでしょう。

　宇宙分野の仕事に関心のある方は、ロケット、宇宙ステーション、月探査などさまざまな領域がありますが、ぜひ、衛星地球観測を仕事にすることを考えてみてください。業界は今大きく拡大していて、人手不足で衛星地球観測に関するさまざまな求人が行われていますよ！

生活の中で宇宙から見る地球を感じる

　仕事にできるわけではないけれど、衛星地球観測に興味が湧いてきた、という方もいらっしゃるでしょう。そのような方々にはぜひ、生活の中で「宇宙から見る地球」を感じるきっかけを見つけることで、自分ゴトとして捉えていっていただければ嬉しいです。どのようなきっかけがありうるかご紹介していきましょう。

生活の中で「宇宙から見る地球」を感じるタッチポイント

① 衛星地球観測がもたらす情報に触れる

　天気予報で使われている静止気象衛星「ひまわり」の画像を筆頭に、私たちの普段の暮らしの中でも、衛星地球観測がもたらすさまざまな情報に触れることが可能です。スマホの地図アプリの背景画像として使われている衛星写真や、報道で使用される衛星が取得した災害の被害情報などに触れることもあるでしょう。メディアの気候変動特集などでも衛星地球観測の情報が活用されています。これらの情報に触れたときに「あっ！ 衛星が観測した情報だ！」と思っていただけたら、生活の中で「宇宙から見る地球」を感じる最初の一歩を踏み出したことになります。

② 衛星地球観測や「宇宙から見る地球」に関する情報を取りにいく

　もっと多くのことを知りたいと思った皆さんは、関連する情報を自ら取りにいくのが良いでしょう。衛星地球観測や衛星データビジネスに関心を持った方は、JAXA、CONSEOや関連企業のウェブサイト・YouTubeコンテンツや、宇宙関連のニュースや情報を発信するメディアの情報をチェックしてみましょう。宇宙や地球の基礎的な知識を学びたいと思った方々は、関連企業が提供している無料の衛星データ解析などのオンライン講座に参加したり、宇宙や地球の図鑑や書籍などを読んでみるのもよいでしょう。私も「コスモさんの宇宙ワクワク感動教室」という宇宙や地球の素晴らしさを紹介するオンライン動画でナビゲーターをしていますので、ぜひご覧ください。

③「宇宙から見る地球」を楽しむ

「宇宙から見る地球」は美しく、さまざまな感情を抱かせてくれます。宇宙から撮影した地球の写真集を楽しんだり、寝る前に宇宙から見た地球の動画をゆったり見て癒されたり、地球の写真をスマホやPCの壁紙にするのも素敵です。私は「宇宙から見た地球」の写真を印刷して部屋に飾っています。どの衛星がいつ上空を飛んでくるか教えてくれるWebアプリなどもある（JAXAのサテライトナビゲーターなど*）ので、上空を飛んでくる地球観測衛星を感じてみるのも面白いですよ。

筆者撮影

* https://www.satnavi.jaxa.jp/project/eo/orbit/

衛星地球観測が活躍する未来社会

　本書ではここまで、衛星地球観測の現在の利用を中心にご紹介してきましたが、少し先の未来に目を向けると違った景色が見えてきます。20年先には数多くの衛星がさまざまな産業のDXやGXで利用されていることでしょう。読者の皆さんがそんな未来を「自分ゴト」として想像できるように、衛星地球観測が活躍する未来社会をご紹介しましょう。

みんなで創る「見通せる社会」

　衛星地球観測コンソーシアム（CONSEO：3章コラム参照）では、2040年ごろに衛星地球観測の貢献により実現を目指す未来社会として「見通せる社会」を掲げています。

　衛星地球観測が高度化することで、将来予測により「将来を見通せる社会」が期待されます。衛星地球観測及び現場観測等の各種観測データと大気・海洋・陸域モデルを融合した「地球デジタルツイン」によって、仮想空間上にデジタル地球が構築され、さまざまなシミュレーションが可能となります。短期的な天気予報だけでなく、食料の生産に関わる季節予報や長期的な気候変動の予測精度が高まり、食料安全保障や気候変動対策などさまざまな社会経済活動が見通しによって最適化されるようになるでしょう。

　ただし、安全保障環境の変化や地震の発生など、世の中には予測が

困難な事象も多々あります。将来的には衛星地球観測を活用した「予測しにくい変化を迅速に見渡せる（見通せる）社会」になるでしょう。

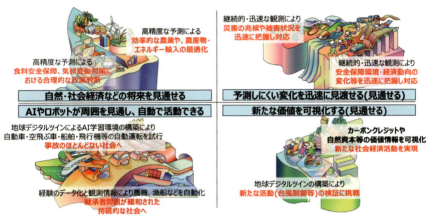

　また、デジタル技術による変革であるデジタルトランスフォーメーション（DX）が進む中で、AIを搭載したロボット、ドローン、農業機械、船舶などが衛星地球観測を活用し、「周囲を見通し、自動で活動できる社会」になっていくでしょう。また、社会の価値観も今とは大きく変わっていくでしょう。衛星地球観測を活用し、可視化されてこなかった自然資本や幸福度などの「新たな価値を可視化する（見通せる）社会」が実現されていくでしょう。

　天気予報が不可欠になっているように、これからの技術や社会の進歩により、今は難しいと思っているような衛星地球観測を活用したツールが未来には当たり前のものとなる時代が来ると信じています。

　このような未来社会を読者の皆さんと思い描き、実現を目指して一緒に取り組んでいけると嬉しいです。

コラム 「宇宙から見る地球」に触れる体験

　皆さんが地球にいながらにして、「宇宙から見る地球」に触れる体験のできる施設、イベント、グッズなどの例を、私が楽しんでいるものを中心にいくつかご紹介しましょう。

● JAXA筑波宇宙センター

　展示室では地球観測衛星の実物大模型や観測の仕組みを説明する展示やデータに触れることができます。毎年秋に行われる特別公開では、JAXA職員が衛星地球観測に関する展示解説や来場者向けのセミナーを行っています。

● 日本科学未来館

　世界初の「地球ディスプレイ」である「ジオ・コスモス」が展示されています。

　直径6m、LEDパネルを用いた世界に類のない高精細球体ディスプレイは、1000万画素を超える高解像度で宇宙空間に輝く地球の姿をリアルに映し出します。

● **全国の科学館、プラネタリウムなど**

各地の科学館にも宇宙から見た大きな地球が展示されています。また、宇宙から見る地球をテーマとしたプラネタリウム投影番組が上映されることもあります。私の地元の札幌市青少年科学館では写真のような大きな地球の展示があり、宇宙から地球を眺める体験ができます。

©札幌市青少年科学館

● **国際宇宙ステーションからの地球ライブ中継**

国際宇宙ステーションから地球を見下ろすライブ中継はNASAが常時YouTubeで配信していますし、専用のスマホアプリもあります。バスキュールが国際宇宙ステーションの「KIBO宇宙放送局」から大晦日の夜に生中継する「宇宙の初日の出」は多くの人と美しい地球を見下ろす気持ちを共有するステキな体験です。

©NASA

©バスキュール

● 衛星地球観測データを使った地球儀

　衛星地球観測のデータを活用した地球儀が多数販売されています。地名の記載された地図ベースの地球儀も良いですが、衛星写真のみの地球儀は地球の美しさや宇宙からの見た目を感じさせてくれます。インテリアとしても素敵ですよね。私は、JAXAの「しきさい」衛星の観測データを活用した、衛星軌道リングで軌道も示せる、国産地球儀メーカの渡辺教具製作所の特注地球儀（右写真）を愛用しています。

筆者撮影

● 地球観測衛星のLINEスタンプ

　宇宙から地球を見守っているJAXAの「地球観測衛星」たちが、JAXAの公式LINEスタンプとして発売されています。かわいい衛星のイラスト「サテきゃら」はJAXA第一宇宙技術部門の職員がデザインしたものです。メッセージを送る際に地球観測衛星を感じてみてください。

©JAXA

5章

宇宙から地球を見て何を感じとる？

ここまで、人工衛星で宇宙から地球を見る「衛星地球観測」を中心にご紹介してきました。最終章となる本章ではさらに踏み込んで、衛星や探査機の写真・データや宇宙旅行などを通して、「私たち人間」が宇宙から地球を見ることで、意識や視点にどのような影響が与えられうるかについて、皆さんと美しい地球の写真を楽しみながら、一緒に考えていきたいと思います。

宇宙から見る美しく儚い地球

　1961年、ソ連の宇宙飛行士ユーリ・ガガーリンが世界初の有人宇宙飛行を成功させ、「地球は青かった」という言葉を残しました。それから半世紀以上経ち、「宇宙から見る地球」の写真は目新しいものではなくなりました。

　本項では、宇宙開発で得られた「宇宙から見る地球」の写真が、これまで人々にどのような影響を与えてきたか、ご紹介したいと思います。

私たちが宇宙から眺める地球

　右の写真は、ソニーの超小型人工衛星「EYE」（本章コラム参照）を使って、私が撮影した地球の写真です。どうでしょうか？　軌道上から真下を撮影した地球観測衛星の写真とは違い、地球の水平線が写っていて、宇宙から地球を眺めている気がしてきませんか？

　皆さんがよく目にする水平線の写っている地球の写真は、高度約400kmの国際宇宙ステーションから撮影したものが多いです。高度400kmでは地球はまだまだ大きく、宇宙に儚く浮かぶ地球の全景を一望することはできません。むしろ、私たちを包み込むような存在感と美しさで圧倒するようなスケールで広がっています。

©2024 Sony Group Corporation

　どんどん高度を上げると地球は丸くなっていき、高度36,000kmの静止軌道では、35ページに示した静止気象衛星「ひまわり」の画像のように、丸い地球の全景を眺めることができるようになります。
　1960年代に、アメリカで有人月探査を目指す「アポロ計画」が始まると、地球から遠く離れた月周回軌道から宇宙飛行士が漆黒の宇宙空間に儚く浮かぶ地球を目の当たりにすることになり、人類の視点をアップデートする歴史的な写真が撮影されていきました。また、NASAの探査機が太陽系の彼方を旅するようになり、土星近傍や太陽系の外から小さく光る地球の写真を捉えました。そのような写真の中で、歴史上大きな意義があったとされる代表的な3枚をご紹介したいと思います。

1枚目は、1968年12月24日に、人類初となる有人の月周回飛行を行ったアポロ8号の乗組員によって撮影された「地球の出（Earthrise）」という写真です。「史上最も影響力のあった環境写真」と言われています。

　2枚目は、1972年12月7日にアポロ17号の乗組員によって、地球からおよそ4万5千キロメートルの距離から撮影された「The Blue Marble」という地球の写真です。宇宙飛行士には、地球が青いビー玉（Marble）のように見えたため、これが題名となっています。

　これらの写真は、人類にまったく新たな地球のイメージをもたらしました。それまで「巨大で」「無限大」であった地球は、可憐かつ孤独な惑星であり、人々に保護をもとめる存在となったのです。これらの写真はそうしたエコロジカルな世界観のもとで、さまざまな環境運動の旗印に用いられ、20世紀において最も広く流通した画像の一つになりました。

3枚目の写真は、1990年に海王星軌道よりも遠い約60億キロメートルからNASAの無人宇宙探査機ボイジャー1号によって撮影された「The Pale Blue Dot」という地球の写真です。この写真では、広大な宇宙に対して地球は小さな点でしかありません。一番右の白っぽい帯の真ん中にありますがわかりますか？

　天文学者・SF作家のカール・セーガン（1934～1996／アメリカ）は、この写真にインスパイアされて記した著書「Pale Blue Dot」の中で、「天文学は、人を謙虚にし、人格を形成する経験だと言われてきた。この遠く離れた地点から見た小さな地球の写真ほど、人間の思い上がりの愚かさを示すものはないかもしれない。私にとって、この光景は、私たちが互いにもっと優しく接し、この淡い青い点―私たちが知る唯一の故郷―を守り、大切にする責任があることを強く示していると私は思う。」と記しています。

　地球を俯瞰する視点をもたらすこれらの写真によって、私たちは初めて地球をその目で見捉え、自分たちを客観的に見ることができるようになったのです。

宇宙旅行で楽しもう：
地球の見所ツアー

　第1章でご紹介したように、宇宙旅行がだんだんと安くなり、身近なものになってきています。まだまだ高価ではありますが、私たちが生きている間に手の届く価格で宇宙旅行に行くことができるかもしれません。来たるべきそのときに備えて、「宇宙から見る地球」の見所を宇宙で撮影した写真を活用しながらご案内いたしましょう！

高度500kmの宇宙旅行に出かけよう‼

　本項では、低軌道を周回する人工衛星と同じ、高度約500kmを飛行する宇宙船の窓から地球を眺める仮想体験をしてみましょう。国際宇宙ステーションから宇宙飛行士が地球のさまざまな見所の写真を撮影していますが、運動会で使うような大きな望遠レンズを使い、被写体を大きく拡大しているものが多いです。本書では、そうしたものは除き、実際に肉眼で見える壮大なスケールの見所を中心に紹介します。たくさんあって本書では紹介しきれませんので、いつか見所の紹介を中心とした本を書いてみたいものです。

　本書では、地球の「色」に注目して見所を回ります。皆さんは地球にはどんな色があると思いますか？　地球＝青い星だから、青はもちろんありますよね。他にもいろんな色がありますが、その違いは「水」が生み出しています。月、火星、金星といった天体と違い、地

球には水が豊富にあることで、海が青く輝きます。さらに、地球表面の水が蒸発して水蒸気になり、冷やされると白い雲になります。雲は雨として、寒いところでは雪として降り注ぎます。雨は植物を育て、豊かな緑をつくり出します。また、降り積もった雪は地表を真っ白な雪化粧で覆います。雨が降らない地域は乾燥し、赤茶けた大地が露出し、砂漠が広がります。このように、地球の豊かな水循環が地球の表情に多様性をもたらし、さまざまな見所を創り出してくれたのです。

　以下の図は、地球の降水量を示すJAXAの衛星全球降水マップ（GSMaP）です。多いところは赤や黄色で、少ないところは青や紫色、中間が緑色で示されています。各地の雨の多寡を本図で確認したうえで、次項以降の色とりどりの地球の見所を巡っていくことにいたしましょう！　なお、132〜139PはSTAR SPHEREプロジェクト（本章コラム参照）の人工衛星「EYE」の撮影写真、140〜141Pは宇宙飛行士の油井亀美也さんの撮影写真です。

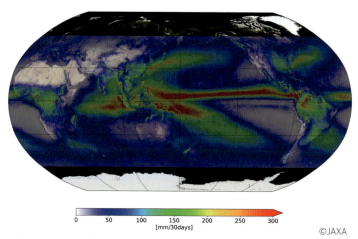

衛星全球降水マップ（GSMaP）による、2014年3月〜2024年2月までの平均降水量

カリブ海のバハマに広がる珊瑚礁のターコイズブルー

ブラジルのアマゾンに広がる熱帯雨林の濃いグリーン

オーストラリアに広がる酸化鉄の多い大地の赤色

街の明かりと大気が発光する大気光の黄色

ヒマラヤ山脈によって塗分けられた緑・白・茶(右が北)

アメリカ西部のグランドキャニオン周辺の赤

アフリカ サハラ砂漠に広がる砂漠の赤茶色

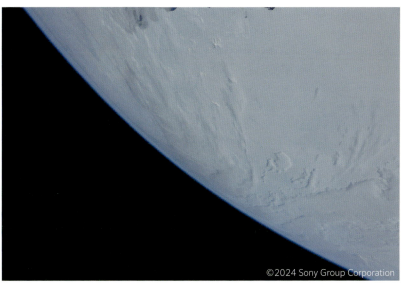

平均2.5kmともいわれる厚い氷床に覆われた南極の白

宇宙から見た台風。スケールの大きさに圧倒されます。

地球と月の38万kmの奥行き

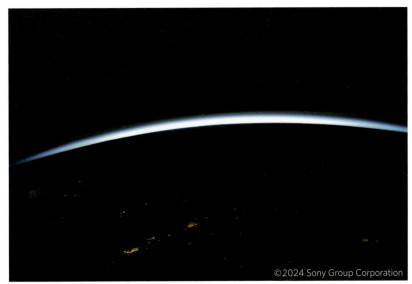
太陽が照らす夜明け前の大気

さまざまな色でまばゆく輝くオーロラ

3月に撮影された日本列島。
富士山に雪が積もっている様子が見えます。

3月に撮影された西日本。海に囲まれているのがよくわかります。

2月に撮影された雪に覆われた北海道。オホーツク海押し寄せる流氷も見えます。

5月に撮影された北海道。新緑の緑が美しく、山地の頂上にはまだ白い雪が残ります。同じ場所でも季節によって違う景色が広がります。

油井宇宙飛行士が昼に撮影したエジプト。右上にナイル川と河口が見えます。

油井宇宙飛行士が夜に撮影したエジプト。ナイル川沿いに街明かりが広がり、人の存在を強く感じます。

油井宇宙飛行士が撮影した夜の北海道と東北。沖合にはいか釣り漁船のまぶしい光が点在しています。

油井宇宙飛行士が撮影した夜のインド亜大陸。インドとパキスタンの国境を照らす警備等の光が線状に見えています。宇宙からも見える国境はあるのですね。

宇宙から地球を見て「新しい視点」を得る

　宇宙から地球を見た宇宙飛行士は、彼らが得た「宇宙の視点」について さまざまな言葉で伝えています。美術館のガイドの解説を聞くことにより、作品を見るだけよりも深く味わうことができるようになりますが、皆さんが地球の写真を見た際に、そうした「宇宙の視点」に触れ、より深く感じとることができるよう、本項ではガイドしていきたいと思います！

宇宙から地球を見て感じとれること

　宇宙飛行士は、美しい地球を見ることで、かけがえのない地球を守る必要性を感じると同時に、自分が地球の一部として存在することを再確認して、地球環境の保護に目覚めるといいます。この意識の変革は「概観効果（Overview Effect）」として知られています。

　宇宙飛行士の油井亀美也氏は、著書「星宙の飛行士：宇宙飛行士が語る宇宙の絶景と夢」の中で、「宇宙から地球を見て、私の地球観は変わりました。「母なる地球」から「守るべき地球」に変わったのです。」と記しています。概観効果は国境を超えた人々との連帯感をもたらすとも言われています。アポロ14号のアポロ月着陸船のパイロット、エドガー・ミッチェル（1930〜2016／アメリカ）氏は有名な以下の言葉を残しています。「グローバルな意識、人々の出自、世界の状況への強い不満、そしてそれに対して何かしなくてはという衝

動が生まれるだろう。月から見れば、国際政治なんて実にささいなことに見える。政治家の首根っこを掴んで25万マイル先まで連れて行って「あれ見てみろ、クソ野郎」って言いたくなるだろう。」

　実際に宇宙に行かなくても、宇宙から地球を撮影した写真を眺めることで、さまざまなことを感じとることができます。水平線の縁にある大気の薄さに気づけば大気の大切さを、アジアに住む数十億人の水源であるヒマラヤ山脈の氷河の小ささに気づけば有限な水資源の脆弱さを、宝石のように輝く夜景を見れば人の営みのぬくもりと存在の奇跡を感じとることができるでしょう。1960年代に建築家のバックミンスター・フラー（1895〜1983／アメリカ）氏が提唱した「宇宙船地球号」という、世界は多様だが相互につながっている有限な地球の乗組員であるという感覚を得られるのではないでしょうか？ また、宇宙から地球に広がる雲を見渡し、水循環の大切さを感じたことで、これまで何となく見上げていた雲を見上げる際の感じ方が変わるかもしれません。

　地球の美しさや壮大さに圧倒されたり、80億人を擁する地球における自分の存在や、宇宙の長い歴史の中での生きている今この一瞬を俯瞰したりすることで、自分のちっぽけさや生きている奇跡を感じとることもできるでしょう。自分の一生を超えた長い宇宙や地球の時間的スケールの中で、自分をどう位置付け、未来に何を遺していくか？ 今この瞬間をどのように生きるべきか？ そのような哲学的なことにも思いが至ります。

　本書が、「宇宙から見る地球」に触れ、「宇宙の視点」を得るきっかけとなり、皆さんの人生がより豊かになる一助となれば幸いです。

衛星地球観測データをリアルに感じとる

　無機質に感じる衛星観測データですが、肉眼で宇宙から地球の景色を見る感じの写真と一緒に味わうことで、よりリアルに自分ゴトとして感じることができます。

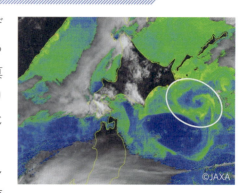

　右の写真は、衛星が観測した2024年6月28日の北海道周辺の海のクロロフィル濃度のデータです。

　これと同じ日に、肉眼で見える可視光で撮影されたのが下の写真です。北海道の右下に水色の綺麗な筋が壮大なスケールで広がっていますね。これはプランクトンブルームといって、冬に海の中で混ざり合った栄養塩と春の日照が組み合わさり、植物プランクトンが急増したもので、「水の華」とも呼ばれるものです。宇宙旅行の際に実際に見るかもしれない画角で撮影をすると、データの中の現象がよりリアルなものに感じられます。

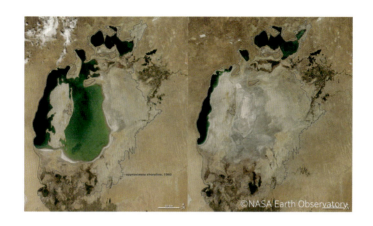

　こちらは、3章でもご紹介したアラル海の衛星写真です。昔はたくさんあった水が今ではだいぶ減ってしまっていることがわかりますね。
　それを宇宙旅行の目線で撮影したのが下の写真です。衛星写真ではデータとして見えていた水場の状況が、宇宙旅行をしたら実際に見えるであろう景色として直感的に感じられます。
　これらの例のように、衛星地球観測によりデータとして可視化されたさまざまな変化や現象を、宇宙旅行目線で撮影された写真と組み合わせて伝えていくことで、人々にとってより身近な、自分ゴトとして感じられる情報として伝えられるのではないかと考えています。

新しい視点を得るために宇宙に行く

「人はなぜ宇宙に行くのか？」、私はライフワークとしてこの問いを考え続けています。このテーマだけで本が1冊書けてしまうくらいの面白さがあります。「人はなぜ宇宙に行きたくなるのか？」という人間の性質に関する問いとして捉えることもできますし、「人はなぜ宇宙に行くべきなのか？」という倫理学的な問いとして捉えることもできます。個人、組織、国、人類のどの立場・レベルで考えるかで答えも異なってくるでしょう。

宇宙の活用により人々にさまざまな利益をもたらすことができるから、人類の知見や活動領域を拡大させるべきだから、単純に遺伝子に刻まれた好奇心によって行きたいと思うからなどさまざまな答えが考えられます。皆さんはどんな理由を考えますか？ 宇宙を目指す米国の起業家たちは、多惑星種になるために火星への移住を目指す、地球環境への負荷が多い産業活動を地球の外で実施するためにスペースコロニーの実現を目指す、といった独自の哲学を発信しています。

このようなさまざまな考え方がある中で、地球で暮らすだけでは得られない新しい視点を獲得することが、私たちが宇宙に行く重要な理由の一つであると私は考えています。本章では、宇宙に行くことで得られる新しい視点の1つである、宇宙から地球を見る自己俯瞰（メタ認知）の視点が、人類の発展において重要な役割を果たしてきたことをご紹介しました。自分のことだけ見ていた若者が、社会に出て自分を他人と比べ、自己のアイデンティティを見出すように、また、海外旅行に行って初めて故郷の素晴らしさがわかるように、宇宙に行ったからこそ、地球人としての私たちの存在や、故郷としての地球の素晴らしさやかけがえのなさに気づくことができるのです。

広大な漆黒の宇宙に浮かぶ、小さな青い惑星に住む地球人。そして、地球人にとってたった一つのかけがえのない宇宙船、地球。他の天体や宇宙空間など比較対象となる外の世界を知るとともに、宇宙から自分自身を俯瞰することで、私たちのアイデンティティを改めて見直し、地球を未来に向けて持続可能な形で守っていく重要性を深く感じることができます。人類が誕生してから、村、国、地球と、私たちが生活の中で自分の活動領域として認識する世界のスケールは大きく変わってきました。限られた人数の宇宙飛行士や宇宙旅行者だけが体感している感覚を、宇宙開発の進展により、今後より多くの人々が今まで以上に実感として深く共有していくことで、新しい世界観が形成されうるのではないでしょうか？

　宇宙旅行に目を向ける大富豪らを批判し、世界で最も偉大な頭脳と治世は、暮らすことができる新たな場所を探す試みではなく、地球を修復する試みに充てる必要がある、という宇宙開発に対する批判も出てきています。「地球のことはおいておき、宇宙への進出を加速し、地球上の課題は宇宙空間の活用や別の天体に進出することで解決していこう」とする哲学とは異なる、「人類全体で地球上の課題解決に共に取り組み、持続可能なよりよい社会を構築するために、地球を俯瞰する視点などを人類全体で共有することが、人類が宇宙に行く重要な理由である」という宇宙開発の哲学について、私は今後も深く考えていきたいと思っています。

「人はなぜ宇宙に行くのか、行くべきなのか？」、この奥深い問いについて、皆さんにもぜひ考えていただけたらと思います。一緒に議論しましょう！

コラム STAR SPHEREの「宇宙撮影体験」

　宇宙飛行士や宇宙旅行者のみに許された宇宙から地球を撮影する体験を、パソコンやスマホから宇宙にある人工衛星を遠隔操作することで誰でもできるようにしたのが、STAR SPHEREプロジェクトの「宇宙撮影体験」です。

　STAR SPHEREは、ソニーが進めている、宇宙をすべての人にとって身近なものにし、みんなで「宇宙の視点」を発見していくことを目的としたプロジェクトです。JAXAの宇宙イノベーションパートナーシップ（J-SPARC）の枠組みのもと、宇宙感動体験事業の事業化を目指して、ソニー、JAXA、東京大学が共同で超小型人工衛星「EYE」を共同開発し、2023年1月に打ち上げました。ソニーは、事業開発全般と人工衛星のカメラ部分と地上システムも含めた全体システムの構築、東京大学は衛星のボディ（バス部）の開発と衛星システム全体の開発を担当し、JAXAは技術支援や事業開発支援を行いました。私は発起人の一人として立ち上げフェーズから携わり、2021年4月から2025年3月まで、JAXAからクロスアポイントメント制度でソニーに出向し、事業開発などを担当しています。

　「EYE」は10 cm x 20 cm x 30 cmの超小型衛星でソニー製のフルサイズのデジタル一眼カメラと人間の目と同等な画角となる焦点距離28mm-135mm F4の標準ズームレンズを搭載し、高度約500kmから地球の撮影が可能です。

STAR SPHEREの超小型人工衛星「EYE」

「宇宙撮影体験」では、ユーザがパソコン、スマホ上の撮影設定を行う直感的に操作できるWebアプリ「EYEコネクト」で、撮影したい被写体の上空を「EYE」が通る日付・時刻を検索し、画面上で撮影したい写真の画角を確認のうえシャッタータイミングを設定できます。

STAR SPHEREの宇宙撮影体験の仕組み

　リアルタイムの撮影ではなく、設定した撮影命令が事前に「EYE」に送信され、設定した時間になると「EYE」は自動的に撮影を実施し、撮影した画像データを地上にダウンリンクする仕組みです。

撮影設定をするためのEYEコネクト

　運用中に姿勢を変えるための装置であるリアクションホイールが故障してしまい、残念ながら当初の想定のように360度自由に姿勢を変えて撮影することや、多くのユーザにサービスを提供することができなかったのですが、限られた能力を駆使して、公募で選ばれた一般の希望者や子供たち、共創パートナーのアーティストやクリエイター向けに宇宙撮影体験を提供しました。本章の地球の見所ツアーでご紹介した写真のほとんどは「EYE」の撮影写真です。

　本プロジェクトでは、宇宙撮影体験を楽しんでもらうだけでなく、体験者に「宇宙の視点」を感じてもらうことや、体験を通して得られる学びやインスピレーションを活かしてさまざまな価値創出に取り組みました。例えば、私がプロデュースした「宇宙視点の芸術」では、国内外の芸術家と共に宇宙撮影体験にインスパイアされた作品制作に

取り組みました。これまでデータとして記録されてきた地球や宇宙を芸術家の心をとおして捉えることで、未来に遺す遺産として宇宙時代の洞窟壁画を残そうというコンセプトです。世界的な現代美術作家 杉本博司氏との共創では、代表作『海景』の視点を宇宙に移し、宇宙に飛び出しつつある「地球人」の意識の原点

杉本博司氏の代表作「海景」シリーズより「相模湾、江之浦」(右)と「宙景01」(左)
©Hiroshi Sugimoto courtesy of Odawara Art Foundation.

を新たに記憶した、未来に遺す作品が作成されました。また、全国の科学館とコラボして実施した「こども地球撮影プロジェクト」では、子どもたちに地球の撮影を通してたくさんの学びを提供することができました。

　2章でご紹介したような多彩な地球観測衛星がある中で、「人々を楽しませる・感動させる」目的で開発された「EYE」は稀有な存在です。宇宙から地球を撮影する体験を、宇宙飛行士、エンジニア、研究者といったプロだけでない、多くの人々ができるようになったことで、撮影したデータを活用するだけではなく、宇宙から地球を見ることを自分ゴトとして捉え、さまざまなことを感じ、生活の中で活用していく、そんな新しい未来が切り拓かれたのではないかと思います。「EYE」の運用は2025年2月に終了し、STAR SPHEREの今後の活動は未定ですが、宇宙を身近にする体験の今後の発展にこれからも期待しつつ、私も貢献していきたいと思います。

特別対談

宇宙飛行士 油井亀美也と語る
人間と人工衛星の眼で
共に見る地球

巻末のこちらのページでは「宇宙から地球を見る」エキスパートで、衛星地球観測コンソーシアム（CONSEO）の広報アンバサダーをつとめるJAXA宇宙飛行士の油井亀美也さんとの特別対談の内容をお届けします。

宇宙から地球を見て最初に感じたこと

村木：お忙しいところお時間ありがとうございます。

油井：よろしくお願いします。

村木：「宇宙から地球を見る」というテーマでの対談ということで、油井さんが国際宇宙ステーション（ISS）のミッションで実際に宇宙から地球を見る体験をされたことに関して、色々とお伺いできればと思っております。はじめに、油井さんの宇宙飛行士としてのご経歴についてお話しいただけますか？

油井：私は長野県の川上村という凄く小さな村で生まれました。星空が凄く綺麗に見える所だったので、小さいころから星空を見て宇宙に興味を持って、宇宙飛行士か天文学者になりたいと思いました。それが10歳くらいのときで、私の最初のミッションが2015年、45歳のときですので、夢が叶うまで35年くらい。かなり遠回りをしました。自衛隊に行って苦労をしましたし、JAXAに来てからも苦労をしましたけど、ようやく宇宙に行って、そこで5カ月弱宇宙に滞在することができました。宇宙に行くのが夢だったので、宇宙で最初に地球を見たときには無茶苦茶感動しました。これまで見たことのある景色の中で、一番綺麗で言葉に表せないくらいの美しさでした。さらに言うと、「これ本当に本物？」という凄く不思議な感じがしました。

村木：それはミッションのどのタイミングで感じたのでしょうか？

油井：ISSに着いてからですね。ISSに向かうソユーズ宇宙船でもち

ょっとだけ地球を見る機会はあったのですが、船長を助ける役目で忙しくてそれどころじゃありませんでした。本当に落ち着いて地球を見ることができたのはISSに着いてからですね。

村木：ISSではキューポラ（ISSにある大きな窓）で見たのですか？

油井：到着後にロシアセグメントで家族と通話したときに、大きめの窓があってちょっとだけゆっくりと地球を見ることができました。

村木：それが最初で、その時点で「おおーっ！」って感じですか？

油井：はい、これは凄い！と。

村木：宇宙飛行士として訓練を受けて、同僚と話したりして、ある程度想像はしていたと思うのですが、想像と実際に見てみるのとではどのような違いがありましたか？

油井：写真を見ていて「このぐらいだろうな」という想像はしていたわけですよね。でもやっぱり自分の肉眼で見ると想像以上の迫力がありました。地球の青さも印象に残りました。また、宇宙ステーションという人工物と地球との対比が凄く綺麗なのですが、リアルじゃない感じでびっくりしました。「どうしてこんなにリアルじゃない夢のような景色なのかな？」と思って後で考えてみたのですが、そのときは気が付かなかったのですけれど、宇宙ステーションは凄く大きくて、

2015年に国際宇宙ステーション（ISS）に約142日間滞在し、2025年度には次のISS滞在ミッションを予定しています。著書「星宙の飛行士」では、宇宙から地球を撮影したさまざまな写真を紹介しています。

たとえば太陽電池パネルは遠くにあるのに宇宙では全然ぼやけて見えない。地上では遠くにあるものは空気のせいで霞んで見えるじゃないですか。でも宇宙では全然霞まない。コンピューターグラフィックスでつくったような景色が広がっていて、凄く感動しました。

村木：凄く小さい話になりますけど、我が家から筑波山を見たときに、霞んでいるときと雨の後でくっきりして見えるときで距離感が違いますもんね。くっきり見えるということですね。くっきり感による違和感は写真じゃなかなか伝わらないですね。

油井：地球の圧倒的な大きさを感じながら、見た感じが想像と違って凄くびっくりした、というのが私の最初の印象でした。

村木：ISSからだと、地球は視界に大きく広がっていると想像しますが、広がりや地球のサイズ感についてはどのような感覚でしたか？

油井：最初に地球を見たときは、圧倒的な存在感があると感じましたが、滞在が進むと星が大好きなので、星の写真を撮り始めたんですね。そうすると、星のある宇宙空間の圧倒的な奥行きを感じるようになって、それと比べて地球は凄く小さいと感じるようになりました。ISSは地球の周りを約90分で1周しますが、南アメリカの上空にいる際にヨーロッパで写真を撮ろうと思って、お茶を飲んで待っている間に通り過ぎてしまっていたりして。ISSが速いというのもあるんですが、地球って凄く小さいなという感じを受けました。地球の小ささは宇宙に行って初めて実感しましたね。

時間をかけて宇宙から地球を見たからこそ感じられたこと

村木：半年の滞在で、段々と感じ方が変わったことはありましたか？

油井：先ほどお話ししたように、最初は圧倒的に大きく見えた地球が小さく感じられるようになったことがあります。その小ささを感じた

うえで地球を見ると、地球を覆っている青い大気が凄く薄い層に感じられました。地球にいると、空気や水なんてたくさんあるのだから、多少汚してもたいしたことないよなって思っていたのですが、薄い大気の層を見て、これはまずい、大切にしないとこの環境はすぐ壊れちゃうんだろうなと考え方が変わりました。宇宙から飛行機雲をひいて飛んでいる飛行機を見て、その雲の下にしか人は住めないのですが、その層はもうあるかないかわからないくらいに薄くて。パイロットとして空を飛んでいたときには、空は広くて自由に飛び回れると思っていたんですけど、その空でさえも、こんなに張り付きそうなくらいの薄さだとわかったんですね。あの雲のさらに下にしか人は住めないんだと思ったときに、凄い壊れやすい環境なんだなと実感しました。

村木：私も人工衛星で宇宙から地球を撮影するサービスを開発していて、ぱっと写真を見て感じられることもあれば、美術品のように時間をかけて味わうからこそ感じられることがあるのがわかりました。半年の滞在の中でそうした深い味わいを経験されたのですね。

油井：さすがに半年もいると、週末など自由な時間があるので、地球を眺めながら考えにふける時間ができるんですよね。写真を撮りながら考えるのも影響したのかなと思います。

宇宙から地球に戻って感じ方が変わったこと

村木：地球に戻られてから、宇宙に行く前と感じ方が変わっていたことはありますか？

油井：宇宙にいたときには、宇宙ステーションは人類の科学の叡智を結集してつくられていて、空気や水を再利用したり太陽電池で電気を発電したり、凄くエコな環境になっていて、大切な地球環境を守るためにこれらの技術が環境問題の対策に使えるんじゃないかと思ってい

ました。帰ってくると、地球って凄く快適だな、地球で生まれた生命なので、やっぱり地球が我が家というか、一番過ごしやすいところなんだなと感じられました。

村木：地球の豊かさを再認識したわけですね。

油井：帰ってきてシャワーを最初に浴びたときに、なんてもったいない水の使い方をするんだろう、と申し訳なく思ったんですね。これでいいのかなっていう疑問を持ちつつも、一週間、一カ月、一年と経つと、そのありがたさを少しずつ忘れてきて、今では平気でシャワーを浴びてしまっています。手を洗いながら、本当は止めればいいと思うのですが、止めずにそのまま流しっぱなしにしてしまう。人間はすぐ忘れちゃうといいますか、そこは反省しないといけないな、と思っています。定期的にこういう対談をさせていただくと、そのときのことを思い出して、また節約しないといけないなって思いますね。

心に残った撮影写真：人類の可能性を感じる1枚

村木：油井さんは宇宙で写真撮影をされていて、著書の「星宙の飛行士」にも素晴らしい写真がたくさん掲載されているのですが、心に残っている写真はどのようなものですか？

油井：色々ありますけど、ナイル川が流れていて、その流域が夜綺麗に光っていて、その上空でISSと「こうのとり（宇宙ステーション補給機）」がドッキングしているのが写っている1枚ですね。その写真は私にとってたくさんの意味があるんです。これを撮影したときは、人類の歴史のようなことを考えていました。ナイル川の流域は、エジプトの文明が栄えてピラミッドがつくられた場所です。当時の人々が一生懸命協力をしてピラミッドという夢を実現させたのと、私たちが宇宙ステーションをつくりたいという夢を持って、みんなで協力をし

てつくり上げた、ということを重ね合わせました。当時の人は、当然何かしらの意味を持ってあの大きなものをつくったのだと思いますが、その大きなものがまさか何千年もあとに宇宙から見られるだろうとは当然想像せずにつくっていたのだろうなぁ、とも考えました。人類は、何か目標を持って協力したときには、凄いことを成し遂げることができるんだなぁ、ということも感じて。私たちも一生懸命ISSをつくりましたけど、遠い将来には私たちが想像できないくらいの凄いことを未来の人類は成し遂げていて、ISSをつくった私たちのことを振り返っているんじゃないかとか。みんなで協力をすれば、人類はもっと明るい未来を築けるという希望を感じた瞬間でしたね。

村木：素晴らしいですね！ もっとたくさんの人にこの写真とストーリーを知っていただきたいです。人類がみんなで協力してつくったピラミッドと宇宙ステーションがアナロジーになっているわけですね。ピラミッドができてから数千年くらい経っていますが、数千年先に何

©JAXA/NASA

かまた人類の成し遂げる大きなものがあって、そこからISSを振り返ったときにどう見えるか、という視点は凄く面白いと思いました。

油井：私は長く滞在できてそういうことを考える時間があったので、大きな時間の流れみたいなものを感じることができました。短期の滞在だと考えづらいことだと思います。

村木：夜にナイル川が光っているのも、ここ100年くらいですよね。地球の何十億年の歴史から見ると、本当に最近ですね。宇宙から見て、あるときから地球は夜側が光るようになった、っていう、そのちょうど割と早い時代を今我々が生きているという感覚です。

油井：人類が宇宙に住むようになったら、とんでもない勢いで、私が想像できないようなことを成し遂げるんだろうなと思いました。

村木：「人類の可能性」を感じる1枚だった、ということですね。

心に残った撮影写真：
人類の問題を感じる1枚

油井：それとは対照的な話になってしまうんですが、地球上でも仲が悪いところは、宇宙から国境線が見えます。それを見たときには、何でこんな小さなところで争っているんだろう？ と感じました。争うことで、自分たちがつくり上げてきたものを無にしてしまったり、これからの可能性がある人が亡くなってしまったり。本当に、人類は何やってるんだろうと。

村木：宇宙から地球を見ると国境はない、と言いますが、国境が見えてしまったんですね。

油井：特に仲が悪いところが見えやすくて、悲しくなるというか。

村木：確かに、宇宙人が地球を見に来たら、なぜあそこに線があるんだって思うでしょうね。

油井：ああいうのを見ると、人類というのは本質的に、発展と破壊の両方の可能性を持っているんだなと思います。凄い未来もつくられるし、それを破壊してしまうこ

ともできる。両方を宇宙から見て、悲しくもなったり、嬉しくもなったりしました。私は、将来的にはつくり上げる方が勝つと思っていて、そういう未来にしなきゃいけないって思っています。

村木：そうしたメッセージを人々に伝えていく役割が有人宇宙開発にはありますよね。

衛星の客観的なデータと宇宙飛行士によるエモーショナルな写真

油井：衛星地球観測の広報アンバサダーをやらせていただいていますが、衛星データとは違う、心で感じることができる写真を撮るのが、人が宇宙に行く意味の1つではないかと思っています。衛星と有人、それぞれ優れているところが違っています。衛星は雲があっても地表を観測できたり、どのくらい雨が降っているかなど私たちが肉眼で見ることのできない情報を定量的に把握できるので、衛星観測と有人ミ

ッションの二つの両方の能力を組み合わせることで、より意義のある情報発信ができるのではないかと考えています。

村木：人工衛星が客観的に地球のデータを取得し、宇宙飛行士が人々のエモーションに働きかける地球の写真を撮影する。これらのシナジーを考えることで何か新しいものが生まれてくるかもしれないですね。

油井：宇宙で雨雲の中に凄い雷が光っているのが見えた際には、この下の人たちは大丈夫だろうかと心配したのですが、それは感覚的にしかわからないんですね。一方、衛星の観測データを見ると被害の状況などが客観的にわかる。その心配な心と、客観的なデータが交わると、もっと人々の心に訴えて、早く避難や支援をしないといけない、というようなことが伝わるようになるんじゃないかなと。

村木：確かに、宇宙飛行士もそうですし、宇宙旅行者が宇宙に行くようになったときに、目の前で見えていることについて、衛星の観測データなどを使って現地の状況などを把握できるようになると、ある意味宇宙旅行のガイドのような感じになりますね。

油井：そうですね。最近衛星の情報もかなりリアルタイムに近い形で取得できるようになってきましたから、出来ないことはないと思うんです。そうした衛星の情報は、地上にいる人だけでなく、宇宙にいる人にとっても活用する価値があると思います。

宇宙から地球を見る際に有効なスキル

村木：宇宙からの撮影で、超望遠ズームでピンポイントに建物などを撮るのと、水平線などを入れて俯瞰する撮影がありますが、撮影時の感覚の違いはありますか？

油井：ズームしているときは、飛行機に乗って飛んでいるときと同じような感じで、見えている場所に住んでいる人々がどんな生活をして

いるのかな、という感覚で撮りましたね。

村木：どのようにピンポイントの被写体を狙うのでしょうか？

油井：ピンポイントの被写体を狙うのは難しいんですが、飛行機で飛んでいたときの経験が役に立ちましたね。地形の特徴を見て、ここはどこだとか、この岬とこの岬を結んだラインの先に自分の狙っているターゲットがあるはずだから、ここから狙っていこうとか。あっという間に被写体が通り過ぎてしまうのですぐ見分けることが重要です。

村木：狙ったとおりに撮影できていた感じなんですね。

油井：結構撮れていましたね。地形を見分ける経験を活かせて、パイロットをやっていてよかったなと思いました。多分、空を飛ぶ経験をしていなかったら、狙うのは相当難しいんじゃないかと思います。

村木：私も人工衛星で撮った写真に何が写っているのかを見るときに、Googleマップと比較して、この形があるからここが写っているみたいなことをやりながら、段々と地形がわかってくる感覚がありました。地形を見分けるスキルが、パイロットの自分がどこを飛んでいるかを把握するスキルとして磨かれていた、ということなんですね。それって、宇宙旅行時代の新しい教養の一つかもしれないですね。

油井：そうですね。今は、Googleマップなどの地図情報がありますから、地上で練習することもできますし、飛行機に乗った際にも外を見て練習できると思います。せめて自分が生まれたところをすぐ探せるくらいになっておくと面白いんじゃないですかね。

衛星データと撮影写真の組み合わせで伝えるポテンシャル

村木：油井さんは、宇宙で撮影した写真を使ってSNSでコミュニケーションをされていますが、人々に伝えることの難しさや、逆に手ごたえを感じていることはあるでしょうか？

油井：宇宙の美しさや凄さを写真で伝えるのは本当に難しいなって、思っています。他の宇宙飛行士が撮影した写真をたくさん見て、それなりに想像していたはずの私でも、宇宙に行って見た地球は想像を超えて綺麗で、写真で伝わる以上の感動があったわけです。さらに、先ほどお話ししたような人類の歴史、地球の小ささ、など考えた色々なことは写真だけではなかなか表せませんでした。でも私はそれであきらめずに、なんとか一部だけでも伝えたいというのがあるので、できるだけ写真の撮影技術を磨いて、次のミッションではなるべく多くの人にお伝えしたい、という気持ちがあります。前回は私が考えたことはあまり伝えていなかったので、次は宇宙に行って感じたことを素直にお伝えして、所感付きの写真のような形で紹介していきたいですね。

村木：私が取り組んでいる人工衛星による宇宙撮影体験では、撮影写真に加えて、撮影者が何を感じたかをセットで楽しめるギャラリーを設けていますが、より深く写真を味わえますね。SNSだとまずは写真だけとなってしまうかもしれませんが、油井さんの所感とセットであるとより深く味わえると思いました。前のミッションか

ら戻られたあと、次はこうしてみたい、というのがたまってきている感じですね。

油井：衛星地球観測とのコラボとして、衛星の写真・データと私の写真を比べてみて、何か新しい発見がないか探索することもやってみたいなと思いますね。

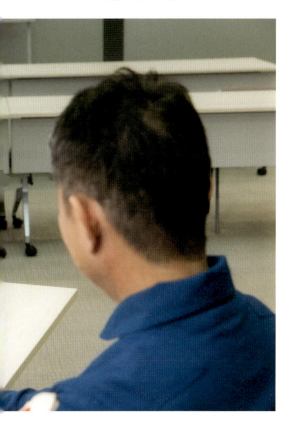

村木：本書でも、アラル海の縮小、森林の伐採などの衛星観測データを宇宙旅行で見えるような写真と合わせて伝えることで、より自分ゴトとして感じていただこうと試みている箇所があります。衛星地球観測データと組み合わせる宇宙旅行目線の写真を、油井さんには次のミッションでたくさん撮影していただきたいですね。

油井：CONSEOの広報アンバサダーをやるまでは、衛星地球観測についてあまり詳しく知らなかったのですが、広報アンバサダーをやらせていただいたおかげで、詳しく知ることができたので、有人と衛星の懸け橋になる仕事ができたらいいなと思っています。

村木：ありがとうございます。やはり衛星データや情報はプロが扱う無機的な難しいものというイメージがあるので、人が地球を見るとい

163

うエモーションの部分を組み合わせて伝えるアプローチが生み出せるとよいと思っています。エモーションと共に地球を見て人々に伝えるというのが、「有人」宇宙ミッションの重要な役割だと感じました。

次のミッションに向けて
衛星地球観測と有人宇宙ミッションのコラボレーション

村木：次のミッションでは、「宇宙から地球を見る」「宇宙から地球の写真を撮る」ことに関して、どのような新しい取り組みを考えていらっしゃいますか？

油井：地球は美しく、そこから何を感じるかが、人間として大事なことだと思っていて、そこまでは前回のミッションと著書の中で表現できたと思っています。ただし、それを実際のデータとつなげて表現ができていなかった。たとえば、氷河が小さいという感覚は、実はデータに基づいていなくて感じただけなので、説得力がなかったと思うんです。いろんな人々に対して説得力を持たせるためには、私の発信が、綺麗さや芸術的な部分もあるし、私が感じたことの部分もあるし、客観的なデータに基づく部分も持つべきだと思うんです。芸術家から学者まで、文系から理系の方まで、すべての方々を対象とした発信は難しいですが、有人ミッションと衛星地球観測のコラボで可能性を探索したいと思っています。

村木：衛星地球観測とのコラボを主要な取り組みとして挙げていただけたのは嬉しいですね。

油井：なかなか難しく、これまで取り組まれていないので、ぜひやってみたいなと思います。

村木：NASAがあっと驚くような切り口で、この融合を実現できると面白いですね。

油井：NASA も有人宇宙開発や衛星地球観測を意識高くやっているので、JAXA もそれに負けないようにできたらいいなって思います。

村木：次のミッションで油井さんが地球をご覧になる際に参照いただくデータを、衛星地球観測側で準備しておくとよいと思いました。そのデータを参照しながら油井さんに写真を撮影していただき、感じたことを共有いただく。地球の写真や衛星データについて、今までよりも一般の方々に興味を持っていただけるような形で伝えられるかもしれません。

油井：先ほどのナイル川の話に関連しますが、人類の凄いところは、夢を共有して何かを成し遂げるということもありますが、問題を認識して、みんなで共有して、みんながこれではいかんと思ったときの力の発揮もあると思うんですよね。ピラミッドをつくってから今まで、とてつもない数の問題があって、それこそ何度も危機に瀕していたと思うのですが、それを何度も乗り越えてここまで来ているので。力を発揮するための第一歩は気が付くことですから、衛星地球観測と協力をして、人類の未来に向かって進んでいくときに脅威となるような、環境破壊、気候変動などを認識していただいて、じゃぁどうやって解決したらいいのかな、と考えるきっかけになるようなミッションになるといいなと思っています。

村木：気候変動問題であるとか、安全保障の問題であるとか、割とこう、理屈で考えると言いますか、右脳左脳と乱暴に言うと、左脳側で理屈をこねてちゃんと勉強して理解してくださいというアプローチで伝えられることが多いと思うのですが、それだけだと多くの方々から見るとちょっと難しくてわからない。そういう方々に伝える方法の1つとしては、「共感」があると思っています。油井さんが宇宙で地球を見てこう感じたということに、多くの方々が撮影写真や所感を見な

がら「共感」してくれると、こうした問題をより多くの方々に伝える新しいアプローチになるのかなと思いました。

油井：本当にそうですね。データだけではわからないけれども、写真だと一目瞭然ということもありますし。これらを組み合わせながら、人類の将来の役に立つようなことができるといいなと思っています。

村木：衛星地球観測と有人宇宙ミッションの橋渡しとして、次のミッションを非常に期待しておりますので、ぜひ、ご活躍いただければと思っております。

油井：ありがとうございます。頑張ります！

2024年12月24日
JAXA 筑波宇宙センターにて
撮影／須藤リョウジ

おわりに

　本書を手に取り、ここまで読んでいただきありがとうございます！

　本書は、衛星データビジネスに関心のあるビジネスパーソン、社会課題や地球規模課題解決に関心のある方々、宇宙関連の進路や仕事に関心のある学生、そして、なんとなく「宇宙から見る地球」というテーマに興味を持った方々など、さまざまなバックグラウンドの読者の皆さんに対して、「衛星地球観測」を中心に、宇宙旅行なども含めて「宇宙から地球を見ること」に焦点を当て、その大切さや素晴らしさについてご紹介してきました。

　本書をきっかけに、「宇宙から地球を見ること」が皆さんにとって身近なものとして感じられ、衛星地球観測を活用した新しいビジネスや公共・科学利用が生み出されたり、読者の皆さんが衛星地球観測に関連する仕事を選択したりするきっかけなどになれば嬉しいです。

　また、本書を参考に、宇宙から見た美しい地球から多くのことを感じ取り、その体験がもたらす「新しい視点」について考えてみていただければと思います。宇宙ファンの皆さんには、星や月など遠い宇宙のことだけでなく、「地球ファン」として、ぜひ衛星地球観測や地球にも興味を持ち続けていただけたら幸いです。

　本書が皆さんの好奇心を少しでも刺激し、未来への希望を膨らませるものであったなら、それ以上の喜びはありません。改めて、最後までお読みいただきありがとうございました！

2025年3月　村木祐介

村木祐介

1980年、北海道生まれ。2005年、北海道大学大学院工学研究科機械科学専攻修了。2005年、JAXAに入社し、国際宇宙ステーションの日本実験棟「きぼう」の開発運用をはじめ、地球観測衛星の利用推進や将来衛星の検討、衛星地球観測分野の将来戦略検討・産学官連携推進などに従事。アジア開発銀行（ADB）、文部科学省、ソニーグループ（株）への出向経験を有する。現在、JAXA第一宇宙技術部門 衛星利用運用センター技術領域主幹。宇宙ナビゲーター「コスモさん」として、宇宙の素晴らしさをわかりやすく伝えるメディア出演や講演などのアウトリーチ活動にも積極的に取り組んでいる。

監修：宇宙航空研究開発機構（JAXA）第一宇宙技術部門
ブックデザイン　井関ななえ
DTP　株式会社 Sun Fuerza
イラスト　サヌキナオヤ
図版制作　株式会社 Sun Fuerza
画像提供　ソニーグループ株式会社
STAR SPHERE プロジェクト
制作協力　青出木悠人（JAXA）
編集　須藤裕亮（扶桑社）

宇宙から見る地球
観測衛星が切りひらく驚きの未来

発行日　2025年3月18日　初版第1刷発行

著者 ……………………… 村木 祐介
発行者 ………………… 秋尾 弘史
発行所 ………………… 株式会社 扶桑社
　　　　　　　　　　　〒105-8070 東京都港区海岸1-2-20 汐留ビルディング
　　　　　　　　　　　電話：03-5843-8194（編集）
　　　　　　　　　　　　　　03-5843-8143（メールセンター）
　　　　　　　　　　　www.fusosha.co.jp
印刷・製本 …………… 株式会社 加藤文明社

定価はカバーに表示してあります。
造本には十分注意しておりますが、落丁・乱丁（本のページの抜け落ちや順序の間違い）の場合は、小社メールセンター宛にお送りください。送料は小社負担でお取り替えいたします（古書店で購入したものについては、お取り替えできません）。
なお、本書のコピー、スキャン、デジタル化等の無断複製は著作権法上の例外を除き禁じられています。本書を代行業者等の第三者に依頼してスキャンやデジタル化することは、たとえ個人や家庭内での利用でも著作権法違反です。

Printed in Japan
ISBN 978-4-594-09963-3